Pinky Giri

Avaliação da melhoria dos meios de subsistência através dos serviços florestais no Nepal

Pinky Giri

Avaliação da melhoria dos meios de subsistência através dos serviços florestais no Nepal

ScienciaScripts

Imprint

Cover image: www.ingimage.com

This book is a translation from the original published under ISBN 978-620-2-05033-3.

Publisher:
Sciencia Scripts
is a trademark of
Dodo Books Indian Ocean Ltd. and OmniScriptum S.R.L publishing group

120 High Road, East Finchley, London, N2 9ED, United Kingdom
Str. Armeneasca 28/1, office 1, Chisinau MD-2012, Republic of Moldova, Europe
Printed at: see last page
ISBN: 978-620-8-22211-6

ÍNDICE DE CONTEÚDO

RECONHECIMENTO

Em primeiro lugar, expresso a minha sincera gratidão ao meu respeitado supervisor, Sr. Rajeswar Shrestha, e ao co-supervisor, Sr. Prakash Chandra Aryal, pela sua orientação regular, apoio constante e encorajamento ao longo do estudo. Devo a minha sincera gratidão ao Prof. Bhadra Pokharel, Ph.D., Diretor do GoldenGate International College (GGIC) e ao Sr. Man Kumar Dhamala, Ph.D., coordenador do Mestrado em Ciências Ambientais (GGIC), pelo seu incentivo e sugestões. Gostaria também de agradecer a todos os membros do corpo docente do GGIC.

A minha gratidão vai para o Sr. Sanu Raja Maharjan pela sua ajuda na identificação das espécies vegetais. Gostaria também de agradecer ao Sr. Madhup Dhungana, New ERA, pela sua sugestão e encorajamento. Expresso a minha gratidão ao programa Hariyo Ban (WWF) e à bolsa Harka Gurung (New ERA) pelo seu apoio financeiro. Gostaria de agradecer ao Sr. Yadhav Prashad Dhital (DFO_1 de Dang) e aos membros da sua equipa pela sua amável cooperação. Os meus agradecimentos ao Sr. Tek Bhadur Khadka e ao Sr. Chet Bhadur Thapa pela sua ajuda durante o estudo da vegetação. Gostaria também de agradecer ao Sr. Kool Bahadur Khadka e à sua família pela sua ajuda e calorosa hospitalidade durante a visita de campo. O meu agradecimento especial vai para o Sr. Mohan K.C, vice-presidente da CF, pelo seu apoio e ajuda durante as visitas de campo. Gostaria também de expressar os meus agradecimentos a todos os inquiridos da Ala n.º 9, Shantinagar VDC, pelo seu apoio positivo durante o inquérito aos agregados familiares.

Os meus agradecimentos especiais vão para os meus amigos Nammy Hang Kirat, Niranjan Pudasaini e Rashmi Timilsina pelo seu generoso apoio durante as visitas de campo e a preparação do relatório. Expresso também a minha gratidão a todos os meus amigos que deram sugestões e apoio durante a investigação desta dissertação.

Por último, mas não menos importante, estendo a minha eterna gratidão aos meus familiares, cujo amor, cooperação e encorajamento ao longo do estudo tornaram possível a apresentação deste trabalho sob esta forma.

RESUMO

A silvicultura comunitária é considerada um dos principais instrumentos para a conservação da biodiversidade e a manutenção dos meios de subsistência. Este estudo foi efectuado na floresta comunitária de Shanti, no distrito de Shantinagar VDC, distrito de Dang, Nepal. Foram utilizados dados quantitativos e qualitativos. Para os dados quantitativos, foi efectuado um inquérito sobre a vegetação e um inquérito por questionário ao agregado familiar e, para os dados qualitativos, foi realizada uma discussão em grupo de reflexão. Foi adoptada uma abordagem de amostragem sistemática para a recolha de dados sobre a vegetação, tendo sido estabelecidas 40 parcelas na floresta, de acordo com as orientações do inventário florestal comunitário de 2005. De um total de 304 agregados familiares de utilizadores da floresta, foi utilizada a abordagem de amostragem sistemática para recolher 20% da amostra, ou seja, 60 agregados familiares. O VDC era comparativamente menos desenvolvido em termos de infra-estruturas físicas. A agricultura era a principal ocupação da maioria das pessoas. Juntamente com a agricultura, o emprego externo e a criação de gado eram também o modo de subsistência. A lenha era a principal fonte de energia. No entanto, a utilização de lenha entre os agregados familiares variava significativamente ($p<0,001$) e apenas 30% da procura de lenha era satisfeita a partir do FC. O programa do FC ajudou a área estudada com as receitas obtidas através da venda dos produtos florestais, especialmente da madeira, tais como a melhoria do saneamento da comunidade, a criação de uma escola, a manutenção da harmonia social e, em certa medida, a poupança de tempo da população local, especialmente das mulheres, que normalmente gastam o seu tempo na recolha de lenha e forragem. Na maior parte das vezes, elas utilizaram este tempo poupado em actividades domésticas e na criação de gado. Os grupos de elite dominam maioritariamente as decisões de gestão dos CFUGs e não têm sido capazes de responder às necessidades e aspirações dos grupos socialmente desfavorecidos dentro das comunidades. No total, foram encontradas 26 espécies de plantas, sendo a *Shorea robusta* a espécie vegetal dominante, seguida da *Acacia catechu, Dalbergia sissoo e Terminalia alata.* O valor total do IVI das árvores foi de 300,01. A diversidade das árvores foi de 0,48 e a densidade total das espécies arbóreas foi de 483,75/ha, enquanto a densidade de rebentos e de plântulas foi de 2600/ha e 36750/ha, respetivamente. Os resultados do estudo indicam que o programa de silvicultura comunitária do Nepal oferece oportunidades e limitações para a obtenção de meios de subsistência sustentáveis para a população local.

Palavras-chave: Floresta comunitária, Gestão florestal, Serviços florestais, Meios de subsistência

ACRÓNIMOS, ABREVIATURA, SÍMBOLOS

±	:	Standard Deviation
^{0}C	:	Degree Celsius
CF	:	Community Forest
CF_1	:	Community Forestry
CFUC	:	Community Forest Users Committee
CFUGs	:	Community Forest User Groups
cm	:	Centimeter
CBS	:	Central Bureau of Statistics
DFO	:	District Forest Office
DFO_1	:	District Forest Officer
DFID	:	Department for International Development
Df	:	Degree of Freedom
DBH	:	Diameter at Breast Height
FGD	:	Focus Group Discussion
FUG	:	Forest User Group
FAO	:	Food and Agricultural Organization
GoN	:	Government of Nepal
GPS	:	Global Positioning System
HH	:	Household
Ha	:	Hectare

ind/ha	:	Individual per hectare
Kg	:	Kilogram
LU	:	Livestock Unit
LPG	:	Liquid Petroleum Gas
m	:	Meter
m asl	:	Meter Above Sea Level
min	:	Minute
MoFSC	:	Ministry of Forests and Soil Conservation
MPFS	:	Master plan for Forestry Sector
NTFPs	:	Non Timber Forest Products
VDC	:	Village Development Committee
yr	:	Year

CAPÍTULO 1: INTRODUÇÃO

1.1. Antecedentes

As evidências históricas provaram que as civilizações humanas estão inteiramente dependentes dos bens e serviços fornecidos pelos recursos naturais. Sem a existência de tais bens fundamentais concedidos pela natureza, a existência da criação humana no mundo está para além da imaginação. Os recursos naturais são igualmente importantes para nós e têm um papel significativo no nosso bem-estar. Entre eles, os recursos florestais são os que mais contribuem direta e indiretamente para a humanidade. As florestas são uma forma de recurso comum e são importantes para as populações rurais, para as quais, nalguns casos, constituem uma parte importante do seu rendimento (Das, 2010). Os bens comuns florestais são cruciais para a obtenção de múltiplos resultados, como os meios de subsistência, o sequestro de carbono e a conservação da biodiversidade (Mikkola, 2002).

Um meio de subsistência compreende as pessoas, as suas capacidades e os seus meios de vida, incluindo alimentos, rendimentos e activos que podem ser tangíveis (recursos naturais e físicos) ou intangíveis (recursos sociais, incluindo reivindicações e acesso) (Chambers & Conway, 1991). O quadro dos meios de subsistência sustentáveis identifica cinco activos de capital, a saber, o capital social/institucional, o capital humano, o capital natural, o capital físico e o capital financeiro, que as pessoas podem desenvolver e/ou utilizar. A capacidade de sair da pobreza depende fundamentalmente do acesso a estes activos (DFID 1999). O processo de gestão, acesso e utilização dos recursos determina a sustentabilidade dos mesmos, bem como o bem-estar das pessoas que deles dependem. A estratégia de subsistência, o fator social e cultural e a viabilidade dos recursos determinam a dependência das pessoas dos vários bens que as rodeiam. De um modo geral, as populações pobres e rurais (um quarto da população mundial) dependem mais dos recursos naturais para sustentar os seus meios de subsistência, enquanto as populações urbanas dependem sobretudo dos recursos físicos e financeiros (Pokharel, 2001).

A nível mundial, cerca de 10% da área florestal total é governada por comunidades locais (Sunderlin *et al.*, 2008). As terras comunitárias são terras pertencentes ao Estado e destinadas a serem utilizadas pelas comunidades e pelos povos indígenas ou terras privadas pertencentes às comunidades ou aos povos indígenas (Sunderlin *et al*, 2008). Outros tipos de gestão incluem florestas estatais (florestas de produção, plantações e reservas) e florestas privadas. Os recursos florestais são de extrema importância para a criação de gado, os factores de produção para a agricultura e o fornecimento de madeira e de produtos não lenhosos à população. No entanto, a contribuição das florestas e das árvores para os meios de subsistência é difícil de quantificar (Anglesen &Wunder, 2003)

Cerca de 26.494.504 pessoas residem no Nepal e mais de 90% delas vivem em zonas rurais (CBS,

2011). Estas pessoas dependem fortemente das florestas e dos recursos naturais associados para várias necessidades básicas, como lenha, forragem, madeira, plantas medicinais, etc. De facto, estes recursos são necessários para o bem-estar humano (CBS, 2011). De facto, estes são necessários para o bem-estar humano (CBS, 2011). O caso é bastante acentuado para os pobres, as mulheres e as pessoas marginalizadas. A economia do país baseia-se na agricultura de subsistência com as suas fortes ligações à silvicultura. As pessoas utilizam os recursos florestais para satisfazer as suas necessidades de energia, alimentação do gado, material de construção, utensílios agrícolas, matérias-primas para as indústrias de madeira e folhagem utilizada como adubo nos campos agrícolas (Malla, 2000; Acharya, 2002). Além disso, o padrão de utilização dos recursos florestais tem vindo a mudar e o seu valor está a aumentar devido ao desenvolvimento de uma economia de mercado e à sua contribuição para a economia rural. Foram executadas diversas opções em diferentes períodos de tempo para uma melhor proteção e gestão das florestas no Nepal (Niraula &Pokharel, 2004; Chaulagain, 2005).

As políticas e práticas tradicionais de gestão florestal não conseguiram melhorar a situação de deterioração das florestas. A degradação da situação obrigou à formulação de uma nova abordagem e de uma nova política para resolver o problema. A fim de reduzir a deterioração e a degradação das florestas, o conceito de silvicultura comunitária (CF_1) foi iniciado com a aprovação do Plano Nacional de Silvicultura (1976) e a promulgação da legislação *"Panchyatforest"* e *"Panchayatprotected forest"* de abordagem participativa em 1978, que se tornou a base para a execução do programa CF_1 (Shrestha & Nepal, 2003).

O Nepal, que foi um dos países pioneiros na prática do FC_1 , é agora amplamente reconhecido como estando na vanguarda do seu desenvolvimento e talvez tenha feito mais progressos do que muitos outros países ao estabelecê-lo como a pedra angular da sua política no sector florestal (Anon, 2004). A Lei sobre as Florestas de 1993 e o Regulamento sobre as Florestas de 1995, promulgados há duas décadas, têm incentivado o programa CF1 até à data no Nepal. A Lei e o Regulamento centraram-se na institucionalização do grupo comunitário de utilizadores da floresta (GUFF) como um organismo legal, autónomo e empresarial com plenos poderes, autoridade e responsabilidade para proteger, gerir e utilizar a floresta e os seus produtos de acordo com as decisões tomadas nas suas constituições e planos operacionais elaborados pelos próprios.

Geralmente, os CFUGs incluem os agregados familiares que utilizam uma determinada parcela de floresta para satisfazer as suas necessidades básicas de produtos florestais. Apesar de todos os benefícios da floresta comunitária (FC) reverterem a favor dos UAGC em causa, a terra continua a pertencer legalmente ao Estado (Anon, 2010). $_1$Espera-se que os CFUG participem em todas as actividades da FC, como a plantação de árvores, o desbaste e a poda, e partilhem os benefícios florestais entre os agregados familiares utilizadores (HH). No total, existem 17 685 CFUG, envolvendo 2,17 milhões de agregados familiares, aos quais foram entregues 1,65 milhões de hectares de floresta no Nepal (MoFSC, 2009). Com o aumento do número de grupos de utilizadores florestais (FUG), foi criada em 1996 a Federação dos Utilizadores Florestais Comunitários do Nepal (FECOFUN), que se tornou uma força de pressão importante para os interesses dos FUG. Atualmente, conta com mais de 7500 FUG. Desempenhou um papel fundamental na representação dos interesses dos grupos de utilizadores e na pressão para a reforma legislativa e institucional em relação à gestão dos recursos florestais (Bhattarai & Khanal, 2005).

O FC1 é cada vez mais reconhecido como um meio de promover a gestão sustentável das florestas e de restaurar as florestas degradadas para melhorar o estado das florestas e os meios de subsistência das pessoas com baixos rendimentos e das comunidades dependentes das florestas em todo o mundo. O programa destina-se a melhorar os meios de subsistência das pessoas pobres, das mulheres e das pessoas marginalizadas, mantendo a capacitação social, a igualdade entre os sexos, a justiça social e a boa governação do FC (Pokharel *et al.*, 2004). O FC é uma fonte vital de geração de rendimentos e é visto como uma oportunidade para reduzir a pobreza. Há uma variedade de actividades para a geração de rendimento na FC1, tais como produtos florestais não lenhosos (PFNM), produção de culturas de rendimento como cultura intercalar, actividades de ecoturismo, indústria caseira relacionada com as florestas, etc. (Pokharel, 2008).

A gestão participativa da floresta pelas pessoas conduz à sustentabilidade. Os utilizadores da FC, basicamente comunidades agrárias marginais e pecuárias integradas, estão a satisfazer as suas necessidades básicas relacionadas com os produtos florestais através da sua própria decisão e gestão. Dependendo dos seus valores sociais e culturais, os recursos florestais e a vegetação têm uma importância diversa na subsistência das pessoas. Tendo em conta as preferências e a utilização, as diferentes espécies florestais têm diferentes níveis de modo e métodos de colheita. As principais vegetações, que têm uma utilização mais ampla nos meios de subsistência da comunidade ou que têm mais valores económicos, estão sobretudo ameaçadas pelo abate excessivo e pela utilização insustentável, pelo que podem ser protegidas em grande escala. As espécies florestais que satisfazem as necessidades quotidianas da comunidade, como as forragens, as forragens e a lenha, exercem fortes pressões e uma grande vulnerabilidade sobre a floresta. A regeneração, a alimentação e a colheita da floresta dependem muito das necessidades, da governação e dos meios de subsistência da comunidade. O estudo visa explorar a relação entre o contexto socioeconómico e o sistema de gestão florestal participativa de Shanti CF, um caso do distrito de Dang, na região centro-oeste do Nepal.

1.2. Declaração do problema

O FC_1 foi desenvolvido para atingir objectivos multidimensionais, como o reforço institucional, a manutenção da vegetação, a proteção das áreas florestais e a satisfação das necessidades de subsistência das populações locais em termos de produtos florestais. Na sua maioria, estes objectivos foram alcançados com êxito. O conceito subjacente é o de que o acesso das pessoas à floresta e a sua participação na tomada de decisões afectam diretamente a distribuição de bens e benefícios, bem como os seus meios de subsistência. As parcerias fracas entre o governo, o sector privado e a sociedade civil, que resultam em benefícios marginais, são os principais problemas do programa CF[1] no Nepal (Sharma & Acharya, 2004). A falta de mobilização adequada de recursos e de conhecimentos sobre práticas de conservação tornará os CFUG menos eficazes nas actividades de geração de rendimentos, na manutenção da biodiversidade e na gestão sustentável das florestas.

Embora a abordagem FC[1] tenha melhorado o estado das florestas e os meios de subsistência em muitos casos, apresenta ainda várias deficiências. Alguns estudos (Malla, 2000; Adhikari *et al,* 2003; ICIMOD, 2004) concluíram que a melhoria do estado das florestas não conduziu a uma melhoria concomitante do acesso das comunidades locais a produtos florestais como a lenha, a madeira e outros PFNM. Dependendo dos aspectos socioeconómicos e culturais, os métodos e modos de utilização dos recursos florestais são diferentes. A subsistência atual da comunidade em causa e o seu estilo de vida determinam a pressão na floresta e podem ter uma forte preferência pelo consumo de determinado tipo de espécies no seu processo de subsistência. Do mesmo modo, dar preferência a certas espécies de plantas para obter benefícios elevados em termos de valor monetário pode ter impactos negativos no equilíbrio ecológico da floresta ao negligenciar espécies indesejadas que afectam a biodiversidade da floresta.

A sustentabilidade da floresta tem sido sempre uma questão fundamental. A sustentabilidade dos serviços florestais é complicada, dependendo da disponibilidade, utilização, preferência, stock disponível e regeneração das espécies utilizadas pela comunidade. Só um estudo integrado da estratégia de subsistência, perceção e prática de gestão dos utilizadores da floresta, juntamente com o estado ecológico da floresta, poderia descrever esta relação multidimensional da FC .[1]

1.3. Questões de investigação

- Qual é o estatuto socioeconómico do CFUG estudado?
- Como é que o CFUC trata da subsistência do CFUG?
- Qual é o estado ecológico da floresta?
- Qual é a perceção dos utilizadores relativamente à gestão das florestas e ao acesso aos produtos florestais?

1.4. Objectivos

Objetivo geral

O objetivo geral da investigação é avaliar a contribuição do CF1 para a subsistência dos CFUG em causa através de serviços florestais e estimar o estado das espécies de árvores para estudar a sustentabilidade dos serviços e da gestão florestais.

Objectivos específicos

- Avaliar o estatuto socioeconómico dos CFUG em causa
- Avaliar a dependência das comunidades em causa em relação aos produtos florestais
- Avaliar a diversidade das árvores e o estado de regeneração da FC em causa
- Estudar a perceção das pessoas relativamente à gestão florestal e à eficácia do FC$_1$ para alcançar a sustentabilidade florestal

1.5. Limitações

- Uma vez que a investigação foi efectuada apenas numa FC, os resultados não podem ser generalizados ou reproduzidos.
- Uma vez que nos dados secundários apenas foi calculado o volume de Sal, o preço da madeira de Sal não pôde ser analisado em relação a outras espécies de árvores produtoras de madeira.

1.6. Visão geral do conteúdo

O primeiro capítulo do relatório apresenta a introdução do estudo. Abrange os antecedentes, o enunciado do problema, as questões de investigação, o objetivo, as limitações do estudo e a síntese do conteúdo.

O segundo capítulo apresenta a revisão da literatura. Este capítulo trata da revisão da literatura relevante e da definição de alguns termos com o conceito e as emergências da FC$_1$. Algumas disposições e desafios da FC são também descritos nesta secção.

O terceiro capítulo trata da metodologia de investigação, que também descreve a área de estudo e o FC em causa. Este capítulo é composto por informações pormenorizadas sobre as abordagens da investigação e uma descrição clara dos métodos utilizados no cálculo dos dados.

O capítulo quatro é constituído por todos os resultados da investigação, apresentados através de várias figuras e quadros. No capítulo cinco, os resultados são analisados, comparados e discutidos numa perspetiva global e nacional.

Por último, o sexto capítulo apresenta as conclusões da investigação com algumas recomendações precisas e pertinentes.

CAPÍTULO 2: REVISÃO DA LITERATURA

2.1. Definição de alguns termos relacionados com a investigação

Meios de subsistência

O termo 'meio de vida' inclui as capacidades, os activos e as actividades necessárias para um meio de vida. Um meio de subsistência é sustentável quando é capaz de enfrentar e recuperar de tensões e choques e mantém ou melhora as suas capacidades e activos, tanto no presente como no futuro, sem prejudicar a base de recursos naturais (Chambers & Conway 1991). A análise dos meios de subsistência ajuda-nos a comparar diferentes agregados familiares e a compreender as diferentes estratégias de subsistência de diferentes níveis de riqueza e ajuda-nos a compreender o impacto das intervenções na pobreza. O quadro dos meios de subsistência sustentáveis identifica cinco activos de capital, ou seja, o capital social/institucional, o capital humano, o capital natural, o capital físico e o capital financeiro (DIFID, 1999). Um ativo de capital humano é, por exemplo, a quantidade e a qualidade da mão de obra disponível. O ativo de capital natural inclui os recursos naturais, dos quais pode ser derivado um meio de subsistência. O ativo de capital físico contém as infra-estruturas básicas e os meios de produção, e o ativo de capital financeiro inclui os recursos financeiros necessários para sustentar um meio de subsistência. O ativo de capital social indica o envolvimento do agregado familiar em actividades e redes sociais, tanto para fins políticos como económicos. Estes activos constituem os elementos de base dos meios de subsistência. É necessário um conjunto de activos para obter resultados positivos em termos de meios de subsistência: nenhuma categoria de activos, por si só, é suficiente para proporcionar os muitos e variados resultados que as pessoas procuram em termos de meios de subsistência. O acesso das pessoas pobres a qualquer uma das categorias de activos tende a ser limitado. A capacidade de sair da pobreza depende fundamentalmente do acesso aos activos (DFID, 1999). Diferentes agregados familiares dentro do mesmo nível local têm níveis diferentes. Os mais pobres podem ter de se apoiar simplesmente no seu próprio capital humano e no direito à sua propriedade comum.

Serviços florestais

As florestas são vitais para a nossa sobrevivência e bem-estar. Os serviços ecossistémicos prestados pelas florestas tornam possível a vida neste planeta. Os serviços ecossistémicos, tal como definidos em Serviços da Natureza: Societal dependence on Natural ecosystem são "as condições e os processos através dos quais os ecossistemas naturais e as espécies que os constituem, sustentam e realizam a vida humana". De acordo com a Avaliação Ecossistémica do Milénio (MA), os serviços ecossistémicos são principalmente categorizados em quatro partes que são descritas abaixo.

> Os serviços ecossistémicos de aprovisionamento são os produtos derivados do ecossistema.

Exemplos das florestas são a madeira, o combustível, a água, os produtos florestais não lenhosos, as plantas medicinais e os recursos genéticos.

> Os serviços ecossistémicos regulamentares mantêm um mundo habitável. As florestas suavizam e aumentam o caudal dos cursos de água, previnem a erosão, diminuem o impacto das cheias e mantêm a qualidade da água. As florestas também ajudam a atenuar as alterações climáticas, purificam o ar, sequestram carbono e dão sombra aos cursos de água, reduzindo a temperatura dos mesmos e contribuindo para a sobrevivência da vida selvagem.

> Os serviços ecosistémicos culturais são os benefícios não materiais que as pessoas obtêm do ecosistema. Exemplos são: prazer estético, enriquecimento e realização espiritual, actividades recreativas e oportunidades de ecoturismo. As florestas e as árvores em particular são simbólica e espiritualmente uma parte das principais religiões do mundo.

> Os serviços ecosistémicos de apoio são os que são necessários para a produção dos outros serviços ecosistémicos de aprovisionamento, reguladores e culturais. O seu impacto nas pessoas pode não ser tão explícito como os outros serviços, mas são a base para a produção dos outros serviços ecosistémicos. Exemplos de serviços ecossistémicos de apoio da floresta incluem a formação do solo, o controlo da erosão, a fotossíntese, o ciclo de nutrientes, o habitat para a flora e a fauna e a proteção das bacias hidrográficas.

Todas as pessoas dependem dos serviços ecossistémicos para a sua qualidade de vida e para a sua sobrevivência. medida que as florestas continuam a desaparecer, o valor dos serviços que ainda lhes restam torna-se ainda mais significativo. A compreensão e o conhecimento não só dos serviços ecossistémicos aparentes que as florestas prestam, mas também da sua complexa interação, são cruciais para a sua gestão e compreensão.

2.2. Desenvolvimento do programa de silvicultura comunitária no Nepal

Globalmente, o conceito de CF1 surgiu e se tornou popular, em parte devido ao fracasso do modelo de desenvolvimento industrial para tratar do desenvolvimento socioeconômico e, em parte, devido ao aumento do desmatamento e da degradação (Gilmour & Fisher 1991). O conceito entrou em voga depois de a Organização das Nações Unidas para a Alimentação e a Agricultura (FAO) ter publicado um relatório sobre 'Forestry for Local Community Development' (FAO, 1978), e foi ainda mais consolidado pelo tema do Oitavo Congresso Florestal Mundial de 1978, "Forestry for People", realizado em Jacarta, Indonésia (Gilmour & Fisher, 1991).

No Nepal, a política florestal foi desenvolvida e praticada principalmente em resposta às consequências negativas das políticas anteriores (Pokharel *et al.,* 2005). Por conseguinte, existem diferentes fases com diferentes modos de propriedade florestal e regimes de gestão. Hobley & Malla

(1996) classificaram a história da gestão florestal do Nepal em três períodos importantes, nomeadamente a privatização (1768-1951 d.C.); a nacionalização (1951-1978 d.C.) e o populismo (1978 d.C. em diante).

No contexto da gestão dos recursos florestais, devido à sua natureza comum de propriedade e à natureza subtractiva dos bens e serviços, a abordagem participativa centrada nas pessoas tem suscitado interesse em países em desenvolvimento como o Nepal (Gibson *et al,* 2004). Na Nona Conferência Florestal, realizada em 1978, os funcionários do governo, o pessoal do projeto e as agências doadoras avaliaram os progressos e as deficiências da *Floresta Panchyat* e da *Floresta Protegida Panchayat* e decidiram o modelo de gestão florestal do grupo de utilizadores. Os resultados do seminário constituíram um contributo valioso para o Plano Diretor do Setor Florestal (MPFS), que foi elaborado em 1989.

A principal política do sector florestal, elaborada há 21 anos, consiste em incentivar a participação da comunidade na gestão das florestas, atribuindo-lhe responsabilidades. Orientados pelo MPFS, juntamente com o estabelecimento da democracia multipartidária em 1990, o Nepal promulgou a Lei das Florestas de 1993 (HMG, 1993) e o Regulamento das Florestas de 1995 (HMG, 1995). Através de uma série de políticas de reestruturação e reformulação, a Lei das Florestas de 1993 e o Regulamento de 1995, apoiados pelo MPFS, introduziram legalmente uma disposição segundo a qual um grupo de pessoas que forma o CFUG pode obter uma parte ou partes da floresta nacional como CF para gerir, proteger e utilizar após a aprovação do plano operacional pelo gabinete florestal distrital (DFO). Também afectou 47% do orçamento total do Ministério das Florestas à gestão florestal e sublinhou a reorientação dos silvicultores para o novo papel de facilitação, passando do policiamento tradicional para o incentivo à participação das comunidades locais na gestão florestal (Shrestha & Nepal, 2003). O programa CF_1 , a maior componente do MPFS, foi explicitamente concebido para satisfazer as necessidades fundamentais das pessoas: forragem, madeira e lenha. Estas legislações reconheceram os CFUG como uma instituição local independente para a gestão da floresta de conservação numa base equitativa e sustentável. Estas flexibilidades legais tornaram o CF_1 um dos programas mais bem sucedidos do Nepal (Bhattacharya & Basnyat, 2003). De acordo com Anon (2010), as caraterísticas importantes da legislação formal do FC_1 são

- Todas as florestas acessíveis no âmbito da floresta nacional podem ser entregues aos utilizadores sem qualquer limitação em termos de área, geografia e tempo

- A propriedade da terra continua a pertencer ao Estado, enquanto os direitos de utilização da terra pertencem aos CFUGs

- Todas as decisões de gestão (gestão fundiária e gestão florestal) são tomadas pelos CFUGs

- Cada membro do CFUG tem direitos iguais sobre os recursos
- Cada agregado familiar é reconhecido como uma unidade para a filiação
- Os CFUGs não serão afectados pelas fronteiras políticas
- Os estranhos são excluídos do acesso
- Existem direitos de utilização mutuamente reconhecidos
- Haverá uma distribuição equitativa dos benefícios
- O Estado presta assistência técnica e aconselhamento

2.3. Objetivo da silvicultura comunitária no Nepal

Analisando a história do FC[1] durante os últimos 30 anos, o Nepal tem vindo a aplicar com êxito a estratégia de desenvolvimento florestal do Nepal e a abordagem do sistema de gestão florestal de propriedade da comunidade. O objetivo inicial do FC[1] era melhorar a relação entre as florestas e as comunidades locais, reconhecendo os seus direitos de utilização tradicionais (Niraula &Pokharel, 2004). De facto, o objetivo principal do FC[1] era a expansão da vegetação e a satisfação das necessidades de subsistência das comunidades locais em termos de produtos florestais. Promove igualmente os direitos da comunidade às florestas, melhora a governação do sector florestal e a democracia local, bem como a atenuação dos efeitos adversos das alterações ambientais e climáticas. Além disso, a abordagem é fundamental para organizar as pessoas, criar uma instituição baseada na comunidade e implementar as actividades de gestão florestal com base no interesse coletivo a nível local (Chakraborty, 2001). A abordagem também proporciona um fórum comum para a ação colectiva, em que as pessoas vivem perto das florestas, a fim de compatibilizar a melhoria dos meios de subsistência com a conservação ecológica para sempre.

2.4. Realizações e desafios da silvicultura comunitária no Nepal

Vários estudos de impacto da AC[1] em todo o país concluíram que a AC provocou alterações favoráveis significativas no estatuto socioeconómico da comunidade (Schereier *et al.,* 1994). O comité do CFUG cobra normalmente um preço mínimo pelos produtos florestais e recolhe um fundo comunitário proveniente de fontes florestais (principalmente lenha, madeira e forragem) e não florestais, tais como a taxa de registo, a taxa de adesão, sanções e castigos. Finalmente, o fundo é utilizado para várias actividades de gestão florestal e de desenvolvimento comunitário destinadas a melhorar os meios de subsistência dos agregados familiares utilizadores (Malla, 2000; Pokharel, 2004). O FC também contribuiu para a construção de estradas, escolas, canais de irrigação, postos de saúde, etc., o que teve vários impactos positivos diretos e indirectos nos meios de subsistência. Além disso, o FC teve uma influência positiva na produção agrícola, na geração de rendimentos e de emprego, na conservação da biodiversidade, na unidade social e na literacia da sociedade. Assim, a FC1 provocou uma mudança de grande significado socioeconómico na sociedade rural (Branney & Yadav, 1998; Malla, 2000; Pokharel, 2004; Pokharel *et al.*, 2005).

Em resultado da devolução de direitos de gestão a grupos de utilizadores, o programa CF1 obteve resultados notáveis, incluindo a restauração florestal, a inclusão e representação social, a melhoria das infra-estruturas comunitárias, o desenvolvimento rural e contribuições para a redução da pobreza. As terras estéreis, as colinas desnudadas e as florestas degradadas foram convertidas em florestas produtivas (Shanker *et al.*, 2004). A vegetação perdida está agora a ser restaurada. A gestão das florestas pelas comunidades contribuiu para a melhoria do ambiente, embora a contribuição total não tenha sido quantificada. Com a melhoria das condições florestais, a disponibilidade de produtos florestais, os direitos de acesso das populações locais e o fornecimento de produtos florestais às famílias mais pobres aumentaram (Gautam *et al*, 2004). Consequentemente, o tempo que as mulheres gastam na recolha de lenha, uma das suas principais tarefas, diminuiu (Roy, 1999). A contribuição da FC1 para a proteção das bacias hidrográficas, o controlo da erosão do solo, a proteção e recuperação das fontes de água, a purificação do ambiente e um ambiente de vida mais saudável tem sido enorme, embora sejam ainda necessárias medições científicas adicionais para uma quantificação real. O FC foi estabelecido como um programa bem sucedido para melhorar o estado das florestas e os meios de subsistência das pessoas (Agrawal & Ostrom, 2001; Chakraborty, 2001; Webb & Gautam, 2001). Alguns dos factores cruciais para o êxito do FC1 são a natureza dinâmica e adaptativa do programa, a reestruturação e reformulação da política e a devolução da autoridade às comunidades locais (Hobley, 1996).

A FC1 no Nepal é especialmente bem sucedida na conservação das florestas (Thoms, 2008; Gautam *et al.*, 2004, 2002; Yadav *et al.*, 2003). Os estudos comparativos da floresta antes e depois da FC mostraram um melhor estabelecimento da plantação, regeneração e crescimento mais rápido das árvores (Roberts & Gautam, 2003). As pessoas estão a aplicar os seus conhecimentos indígenas para proteger e gerir a floresta de modo a satisfazer as suas necessidades básicas, que são os objectivos primários da AC1 (Gilmour e Fisher, 1991). Alguns CFUGs estão envolvidos na gestão ativa da floresta, como o estabelecimento de parcelas experimentais para investigar o efeito de diferentes tratamentos silvícolas e a sua aplicação em maior escala. Como resultado, foi observado um melhoramento dramático da floresta após o programa CF1 . Por exemplo, Branney & Yadav (1998) revelaram que o número total de caules por unidade de área aumentou 51%, a área basal 29% e a gestão florestal ativa aumentou de 3% para 19%. No entanto, a maioria dos CFUGs está orientada para a proteção. Apenas removem as árvores mortas, moribundas, caídas e a folhagem. Devido a esta gestão passiva, que utiliza a floresta apenas para as necessidades de subsistência, a produtividade da floresta não é completamente utilizada (Edmonds, 2002; Larsen *et al,* 2000; Pandit & Thapa, 2004; Yadav *et al.,* 2003; Sowerine 1994; Shrestha, 2000). Por conseguinte, tem sido essencial e difícil acelerar a gestão ativa da floresta - extraindo o produto excedentário e aumentando a produtividade até ao máximo das potencialidades da floresta. O estado das florestas, a composição dos grupos de utilizadores, a tomada de decisões, o acesso aos recursos e a distribuição dos benefícios são alguns dos componentes específicos do FC_1 que afectam os meios de subsistência das populações (ICIMOD, 2004).

Segundo Pokharel (2001), o programa CF_1 do Nepal contribui para a melhoria dos meios de subsistência das populações rurais através do aumento dos recursos, da reforma das organizações, dos organismos e das políticas e da facilitação das mudanças sociais. Foram criadas oportunidades de melhoria dos meios de subsistência para os pobres na base, através da alteração dos sistemas de gestão florestal (Hobley & Malla, 1996). Os CFUGs conseguiram gerar fundos a partir da venda de produtos florestais e estes fundos estão a ser utilizados para a conservação das florestas e o desenvolvimento da comunidade (Kanel, 2004; Shrestha, 2004). Os estudos afirmam que o programa CF_1 foi bem sucedido na região montanhosa do Nepal, melhorando as condições socioeconómicas das populações (Agrawal & Ostrom, 2001) e das florestas (Chakraborty, 2001; Webb & Gautam, 2001). Vários estudos demonstraram que, após a constituição da FC, se registaram excedentes de lenha, cama para animais, disponibilidade fácil de forragens e forragens para as necessidades quotidianas. A produção de madeira aumentou claramente o rendimento da comunidade através da floresta para o bem-estar e desenvolvimento social. Do mesmo modo, melhorias intangíveis como o empoderamento das mulheres, a inclusão social e a harmonia atingiram um novo patamar (Roy, 1999; Acharya, 2008; Chapagain & Banjade, 2009).

No entanto, há muitos casos que relatam o impacto negativo do programa FC_1 sobre os meios de subsistência das pessoas pobres e dependentes da floresta (Neupane, 2003; Nightingale, 2003; Timsina & Paudel, 2003). Por exemplo, Gentle (2000) afirmou que o programa FC_1 alargou o fosso entre os pobres e os ricos envolvidos na gestão do FC. Os grupos de elite das aldeias dominam a tomada de decisões e negligenciam frequentemente os interesses das outras pessoas. O estado das florestas da maior parte das florestas comunitárias melhorou após a sua entrega aos utilizadores locais, mas essas florestas aumentaram a carga contributiva dos agregados familiares mais pobres. As famílias mais pobres também não estão a beneficiar muito das actividades de desenvolvimento comunitário implementadas através de fundos de grupo (Joshi, 2003). Vários estudos mostraram que os membros da elite da sociedade tendem a ocupar todas as posições-chave do comité executivo e a tomar decisões sobre a colheita, a distribuição de produtos e a mobilização de fundos (Baral & Subedi, 1999). Os membros comuns do grupo quase não participam no processo global e não têm praticamente nenhuma ideia sobre a colheita e as questões financeiras do seu CFUG (Nightingale, 2002). Consequentemente, é comum em muitos CFUGs uma distribuição desigual dos benefícios do FC a favor da elite local (Brown *et al,* 2002; Maharjan, 1998). Esta variabilidade nos resultados do FC indica uma relação intrincada entre a governação do FC, o estado dos recursos florestais e os meios de subsistência das pessoas.

CAPÍTULO 3: MATERIAIS E MÉTODOS

3.1. Área de estudo

Dang é um dos distritos da zona de Rapti, situada na região centro-ocidental do Nepal. O distrito está rodeado por uma estrutura geográfica diferente, que começa em 213 m de altitude e se estende até 2058 m de altitude, e está situado entre 82° 2' de longitude leste e 82° 5' de longitude leste e 28° 29' de latitude norte e 28° 36' de latitude norte. Abrange uma área de 300338 hectares e é um distrito do interior do Terai com uma população de 5 52 583 habitantes (CBS, 2011).

Dang tem 2 municípios e 39 VDCs. Os dois municípios são Tulsipur e Ghorahi. Ghorahi, sede de Dang, situa-se a 678 m de altitude e Tulsipur, sede da zona de Rapti, a 663 m de altitude. Shantinagar VDC situa-se na parte ocidental do município de Tulsipur. O clima é quente e húmido. A temperatura varia entre 25^0 C e 40^0 C. O vale é rico em várias culturas, mas apenas 32,78% das terras são utilizadas como terras agrícolas.

3.1.1. Antecedentes da área de estudo

As estruturas familiares da comunidade que vive na área de estudo são caracterizadas por uma família nuclear. No entanto, também foram encontradas algumas famílias conjuntas com um número excecionalmente elevado de membros do agregado familiar. Em Santinagar-9 vivem pessoas de diferentes castas, como brâmanes, chetri, tharu e dalit. Havia 304 agregados familiares e todos eles eram membros do CFUG.

3.1.2. Antecedentes da floresta comunitária

O programa CF_1 tem tido grande prioridade em detrimento das florestas colaborativas e arrendadas na área de estudo. Não existem florestas de arrendamento e de colaboração no distrito de Dang (DFO, 2013). Cerca de 201900 hectares do total das terras de Dang estão cobertos por florestas, incluindo 480 FC. Entre as 480 FC, a FC Shanti situa-se em Shantinagar VDC, ala n.º 9, Jumlekula, Dang, a 28,1489° de latitude e 82,204688° de longitude. A CF de Shanti cobre uma área de 230 ha (MoFSC, 2009), tendo sido plantados 60 ha da CF total. A floresta foi registada como CF em 2057 B.S. e foi dividida em 4 blocos, dependendo da densidade e dominância da floresta. Mais tarde, em 2063, estes blocos foram reconstruídos e divididos em 5 blocos para facilitar o acesso e uma gestão florestal eficiente.

Quadro 1: *Divisão local da FC, com a sua área e vegetação principal*

N.º de agrupamento	Nome do agrupamento	Área (ha)	Vegetações principais
1	Pati khoriya ban	58	*Shorea robusta*
2	Rati Danda	64	*Shorea robusta e Terminalia alata*

3	Choti dammar	18	*Shorea robusta*
4	Lami dammar	33	*Shorea robusta e Syzygium cuminii*
5	Proibição de Khoriya	57	*Shorea robusta e Acacia catechu*

(Fonte: Shanti Community Fores, 2063)

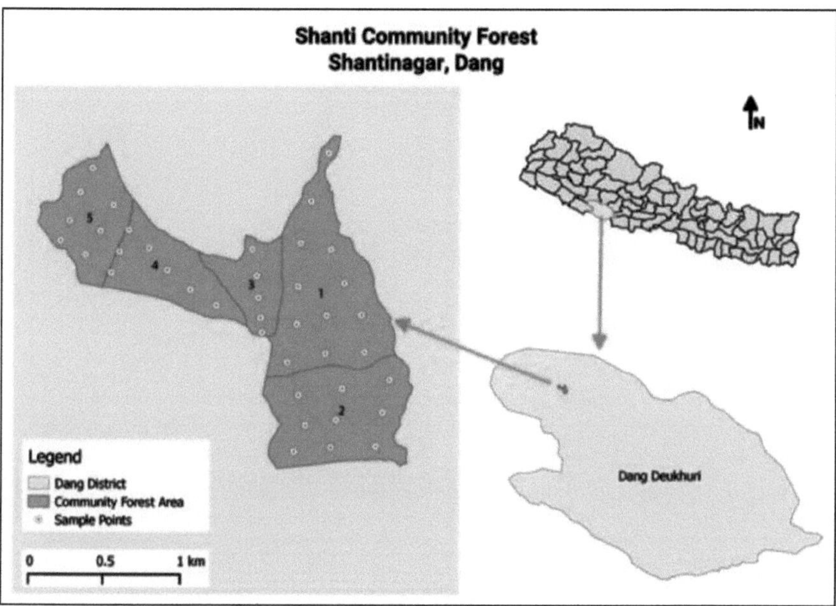

Figura 1: *Mapa que mostra a área de estudo com a distribuição das parcelas de amostragem de vegetação*

3.2 Conceção da investigação

O estudo foi uma investigação exploratória. Para os dados primários, foram efectuados inquéritos sociais e sobre a vegetação, enquanto que para os dados secundários relativos aos departamentos e gabinetes, foram utilizados vários artigos de investigação e livros publicados. Para os dados sociais, foi utilizada uma abordagem de amostragem sistemática de 20% dos agregados familiares e, para os dados relativos à vegetação, foram estabelecidas 40 parcelas de 20X20 m^2 cada uma, com a ajuda de um sistema de posicionamento global (GPS), com um intervalo de 200 m. Do mesmo modo, as percepções das pessoas também foram avaliadas através de entrevistas com informadores-chave. Todos os dados foram registados e analisados utilizando o software MS Excel 2007 e o software R.

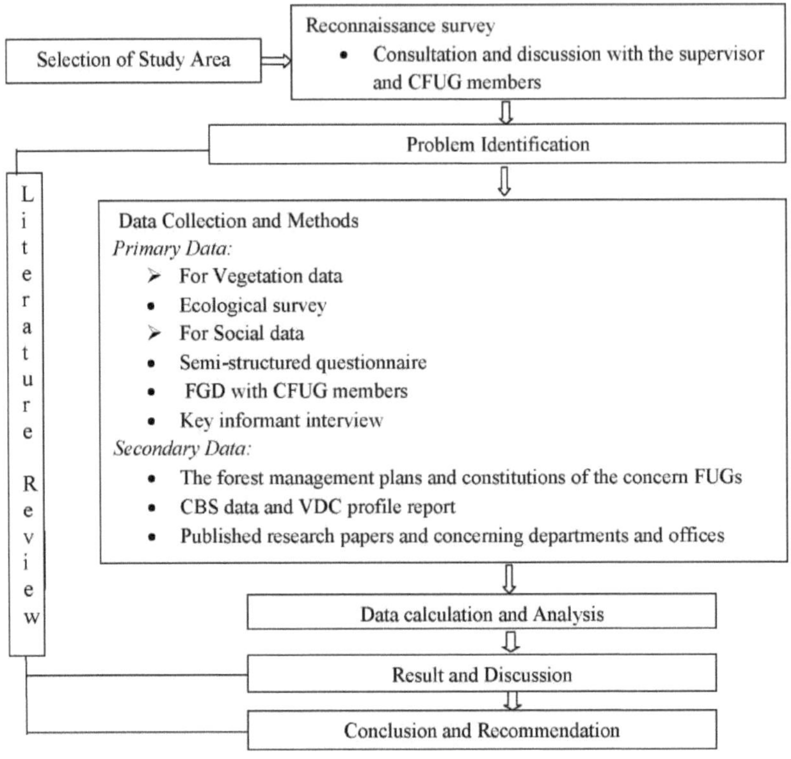

Figura 2: *Fluxograma da conceção da investigação*

3.3. Métodos de recolha de dados

3.3.1. Fontes primárias

3.3.1.1. Inquérito de reconhecimento

Antes do início do inquérito, foi efectuado um pré-inquérito à área de estudo, a fim de recolher as informações básicas para desenvolver o quadro de investigação. Durante a visita de pré-inquérito, foi observada a viabilidade do local e o contexto social geral da comunidade e foram consultadas algumas pessoas-chave relacionadas com o estudo para obter informações gerais. Foram também realizadas consultas e discussões com o supervisor e os membros do CFUG, a fim de compreender o ambiente biofísico e socioeconómico.

3.3.1.2. Inquérito socioeconómico

Inquérito por questionário

Para o inquérito socioeconómico, foi utilizado um questionário semi-estruturado. De um total de 304 HH envolvidas no CFUG, 20% das HH foram objeto de amostragem, ou seja, 60 HH. No âmbito de uma abordagem de amostragem sistemática, as famílias foram selecionadas com um intervalo de 5, de acordo com o número de famílias indicado pelo comité de gestão do CF. O questionário foi preparado em inglês e traduzido para nepalês de modo a ser compreensível tanto para o enumerador como para os inquiridos (Anexo 1). Os dados foram codificados, categorizados e introduzidos no computador. Estes dados foram processados e as análises estatísticas foram efectuadas com pacotes de software informático, MS Excel 2007 e software R.

Discussão em grupo (FGD)

A DGF foi realizada com os membros executivos dos CFUGs, bem como com outros utilizadores comuns (principalmente mulheres), de modo a obter conhecimentos sobre um tema ou questão específicos, tais como as principais questões relacionadas com a floresta, a gestão florestal e a melhoria dos meios de subsistência dos CFUGs através dos serviços florestais.

3.3.1.3. Levantamento da vegetação:

De acordo com as diretrizes do inventário da FC (2005), 0,5% da área total de estudo (1,15 ha ou 28 parcelas) tinha de ser amostrada para o estudo da vegetação, mas para uma melhor representação e um estudo detalhado, o número de amostras foi aumentado para 40 parcelas de 20X20 m^2 cada (0,69% da área total da FC, ou seja, 1,6 ha da área da parcela de amostragem).

Árvore

As plantas com diâmetro superior a 10 cm foram consideradas árvores e foram estudadas em parcelas de 20mx20m. Em cada parcela, o número de árvores foi contado e a sua altura e diâmetro à altura do peito (DAP) foram medidos. Também foram registados os cortes e outras interferências humanas em cada parcela.

Rebento

As plantas com diâmetro <10 cm e altura superior a 1 m foram consideradas como rebentos. Em dois cantos opostos (noroeste e sudeste) das parcelas de amostragem de 20mx20m, foram feitas duas parcelas quadradas de 5mx5m e o número de mudas foi anotado.

Mudas

No mesmo canto de cada parcela de mudas de 5mx5m, foram estabelecidas parcelas quadráticas de 1mx1m e o número de mudas foi contado.

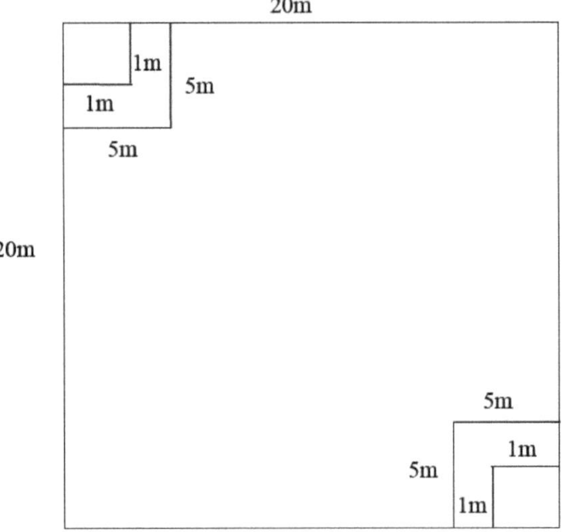

Figura 3: *Conceção de parcelas aninhadas*

Análise da vegetação

a. Densidade (D): A densidade é o número de indivíduos por unidade de área. Representa a força numérica das espécies numa comunidade.

Densidade (ind. por ha) = (I/(A x N)) x10000 (Yadav *et al,* 1987)

Onde,

I= Número total de indivíduos

A= Área de cada parcela de amostragem

N= Número total de parcelas

Densidade relativa (D.R.): A densidade relativa é definida como o número total de indivíduos de uma espécie por unidade de área ou por unidade de volume.

Densidade relativa (%) = (D/T.D) x 100 (Yadav *et al,* 1987)

Onde,

D= Densidade da espécie

T.D=Densidade total de todas as espécies

b. Frequência: A frequência é definida como a relação percentual entre o número de quadrículas em que a espécie ocorreu e o número total de quadrículas estudadas.

Frequência (%) = (E/N) x 100 (Yadav *et al.,* 1987)

Onde,

E= Número total de parcelas em que ocorreram espécies

N= Número total de parcelas

Frequência relativa: A frequência relativa é a frequência de uma espécie em relação à frequência total de todas as espécies.

Frequência relativa (%) = (F/T.F) x 100 (Yadav *et al.*, 1987)

Onde,

F=Frequência de uma espécie

T.F= Frequência total de todas as espécies

c. Área basal:

Área basal (m^2) = $[(\pi d^2)/4]$ (Yadav *etal.*, 1987)

Onde,

d (m)= diâmetro médio à altura do peito dos indivíduos da espécie em causa

Área basal relativa:

Área Basal Relativa (%) = (B.A/T.B.A) x 100 (Yadav *et al,* 1987)

Onde,

B.A=Área basal de uma espécie

T.B.A= Área basal total de todas as espécies

d. Volume

Volume (m^3) = (Grith/4) ^2/l

Onde,

Grith =2 π r ou π d (m)

l= Altura de uma árvore (m)

e. Índice de Valor de Importância (IVI): É uma importância vegetacional dentro de uma área de estudo ou povoamento.

Fornece uma base quantitativa para a classificação da comunidade.

IVI (%) = R.D+R.F+R.B.A (Curtice, 1959)

Onde,

D.R. (%) = Densidade relativa

F.R. (%) = Frequência Relativa

R.B.A (%) = Área basal relativa

f **Índice de diversidade de Shannon-Wiener:** O índice de diversidade de Shannon-Weiner da diversidade geral (H) é um índice global de diversidade. Matematicamente,

$$H = - \Sigma [(ni/N) \log (ni/N)] \text{ (Shannon-Wiener, 1963)}$$

Onde, ni /N = proporção do indivíduo arbóreo de uma espécie em relação ao número total de indivíduos arbóreos de todas as espécies da comunidade

g. Equitabilidade das espécies: A uniformidade das espécies (E) é a distribuição dos indivíduos entre as espécies. A uniformidade é máxima quando todas as espécies têm o mesmo ou quase igual número de indivíduos.

E=H/log S (Yadav *et al,* 1987)

Onde,

H=Índice de Shannon

S= Nº de espécies

Hmax= log S

3.3.2. Fontes secundárias

Os dados secundários socioeconómicos e demográficos foram recolhidos do relatório do recenseamento nacional (CBS, 2011) e do perfil do CDV de Shantinagar. Do mesmo modo, os dados secundários sobre o FC foram recolhidos do gabinete dos FUG e do gabinete florestal distrital (DFO) do distrito de Dang. Outra literatura relevante e de apoio foi recolhida de várias publicações, como livros, artigos, documentos e revistas.

CAPÍTULO 4: RESULTADO

4.1 Situação socioeconómica do CFUG

4.1.1. Informações demográficas gerais

A idade dos inquiridos variava entre os 16 e os 77 anos, mas a maioria deles (90%) tinha entre 30 e 50 anos. 61,7% dos inquiridos eram do sexo masculino e 38,3% do sexo feminino. A agricultura era a principal ocupação, 90% dos inquiridos eram predominantemente agricultores. Entre os restantes, 6,7% eram estudantes e 3,3% tinham um emprego no estrangeiro. A população total era de 365 pessoas, sendo 174 do sexo masculino e 191 do sexo feminino. A média da população masculina era de 2,55 (±1,59) e a média da população feminina era de 2,78 (±2,10). O tamanho médio das famílias era de 5,33 (±3,82). Dos 60 agregados familiares incluídos na amostra, 77% eram Chhetri, 13% Janjati, 7% Dalit e apenas 3% Brahmin. A população alfabetizada era de 51,49%, dos quais 30,4% eram homens e 21,09% mulheres.

4.1.2. Infra-estruturas HH

Todos os inquiridos tinham a sua própria casa, sendo que quase 85% das casas foram construídas com tijolo/pedra-lama (pilares de madeira) e 15% com uma combinação de cimento e tijolo. Do mesmo modo, 63% dos agregados familiares da amostra tinham um telhado de telha e 27% tinham um telhado de chapa ondulada. 82% dos agregados familiares tinham chão de barro e 18% tinham chão de cimento (Figura 4).

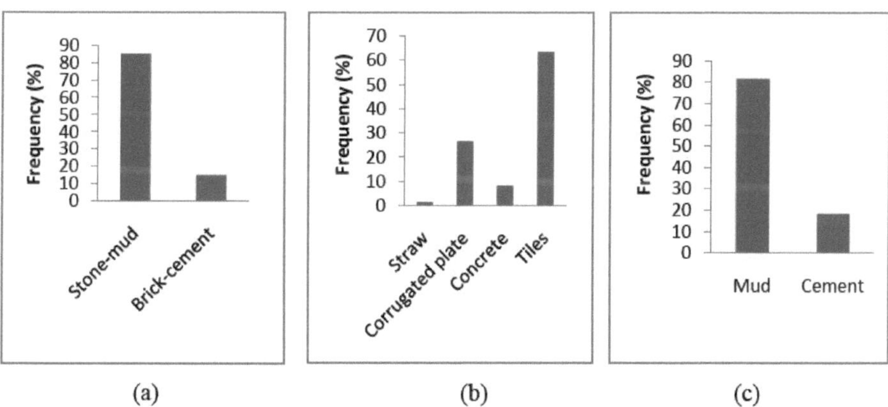

Figura 4: *Tipo de estrutura física da HH a: Material de construção b: Material de cobertura c: Material do pavimento*

4.1.3. Situação financeira

4.1.3.1. Fontes de rendimento do agregado familiar

As principais fontes de rendimento da área estudada foram a agricultura, o emprego nativo (serviços governamentais), o comércio, o emprego no estrangeiro e a criação de gado (Figura 5).

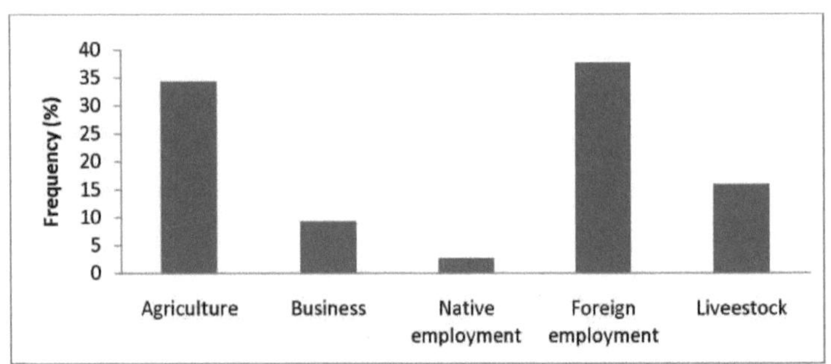

Figura 5: *Principal fonte de rendimento dos agregados familiares do CFUG estudado*

O rendimento anual médio total de cada HHs foi de 215333 NRs (±124784), o rendimento mais elevado foi proveniente de emprego estrangeiro, ou seja, 83000 (±115938) e o rendimento mais baixo foi proveniente de emprego nativo, ou seja, 6000 (±21169) (Tabela 2).

Quadro *2: Vários sectores do rendimento familiar com montante médio*

SN	Rendimento familiar (NRs)	Média± sd	valor do teste t	Df
1	Agricultura	73583.33±55150.73	-8.*0481**	81.203
2	Emprego nativo	6000±21169.2	-12.*8113**	62.393
3	Emprego no estrangeiro	83000±115938.3	-6.*018**	117.368
4	Negócios	20000±55326.46	-11.*0846**	81.334
5	Pecuária	32750±23907.04	-11.*2066**	63.355
	Rendimento total	215333.3±124784.1		

Significativo= * a 95%

Do total do rendimento médio anual, 45% provinham do emprego no estrangeiro, 35% da agricultura, 10% do comércio e 5% da pecuária e do emprego nativo, respetivamente.

4.1.3.2. Despesas de saúde

A despesa média anual total de cada HHs foi de NRs 143300 (±65811.76), dos quais a maior despesa foi para alimentação i.e. 58333.33±26627.8 e a menor foi para energia i.e.7783.33 (±6832.355) (Tabela 3).

Quadro 3: *Despesas médias das famílias por sector*

SN	Despesas da família (NRs)	Média± sd	valor do teste t	Df
1	Despesas alimentares	58333.33±26627.8	-9.3016 *	77.871
2	Despesas de saúde	28600±23071.15	-12.7769 *	73.331
3	Despesas de educação	35483.33±39461.84	-10.9132 *	96.663
4	Despesa de energia	7783.33±6832.355	-15.8921 *	60.249
5	Outras despesas	13100±19817.77	-14.7142 *	69.647

*Significativo=** a 95%

4.1.3.3. Suficiência de rendimento antes e depois do estabelecimento do FC

Antes da criação do FC, verificou-se que 63% tinham rendimento suficiente para o ano inteiro, 31,66% tinham para 9-11 meses, 3,33% tinham para 6-8 meses e 1,66% tinham para menos de 6 meses. Após a criação do FC, 93,33% tinham rendimento suficiente para todo o ano, 5% tinham para 9-11 meses e 1,66% tinham para 6-8 meses (Figura 6).

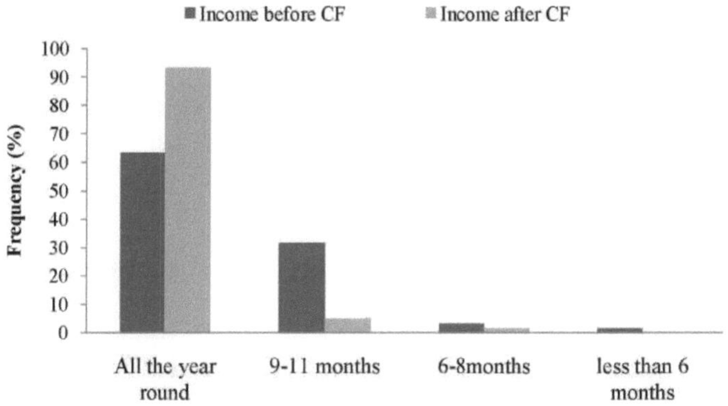

Figura 6: *Suficiência de rendimento antes e depois do estabelecimento do FC*

4.1.4. Agricultura

A agricultura era uma ocupação muito difundida em todas as famílias inquiridas e o seu envolvimento era de 100%, sendo que 80% praticavam uma agricultura tradicional, 13% uma agricultura sedentária e os restantes 7% uma agricultura comercial. As principais culturas cultivadas eram o arroz, o milho, a mostarda, o trigo, a lentilha, a batata e os legumes (Quadro 4). Os legumes eram maioritariamente cultivados para consumo doméstico. A média das terras irrigadas, denominadas *"Khet"*, por HH era de 3,64 ha com uma média de 2757,333 kg de produção anual de arroz. Do mesmo modo, as terras não irrigadas, designadas *por "Barf"*, eram de 3,08 ha, com uma produção média anual de 533,33 kg de milho. Em geral, a maioria dos HH possuía as suas terras pessoais, enquanto o aluguer de terras também era proeminente na prática de cultivo (Figura 7).

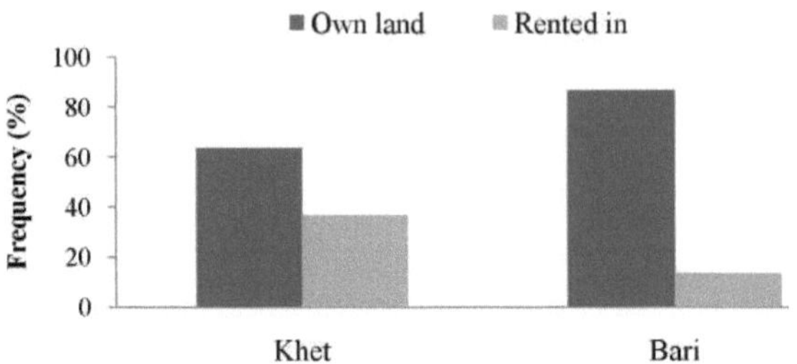

Figura 7: *Situação da propriedade fundiária dos agregados familiares*

Quadro 4: *Produção média anual das principais culturas*

	Arroz	Milho	Trigo	Mostarda	Lentilha	Batata
Área média (ha)	3.64	3.08	1.72	2.82	1.487	0.268
Produção (kg)	2757.33	533.33	497.33	349.33	146.66	116.66

Nas práticas agrícolas, nenhum dos agregados familiares utilizou apenas fertilizantes orgânicos, 32% utilizaram fertilizantes inorgânicos, enquanto 68% utilizaram ambos os fertilizantes (orgânicos e inorgânicos). Dos agregados familiares incluídos na amostra, 55% tinham produção agrícola suficiente ao longo do ano (Anexo 4). No contexto da mudança no sistema agrícola após a criação do FC, 90% concordaram que não houve qualquer mudança no sistema agrícola, enquanto alguns 10% concordaram que houve mudança no sistema agrícola após a criação do FC (Figura 8).

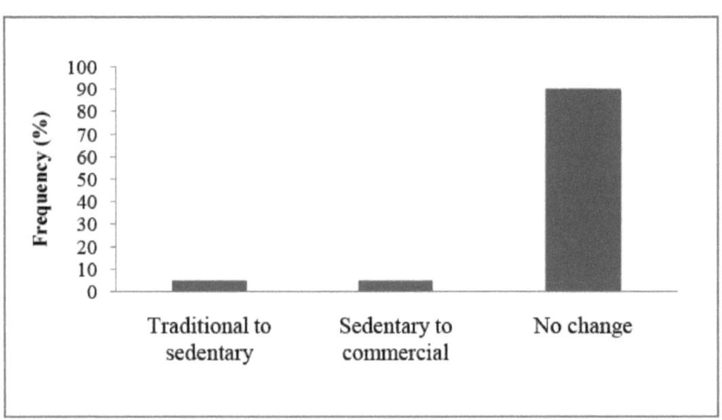

Figura 8: *Alteração da perceção do sistema agrícola após a criação do FC*

4.1.5. Estado do gado

Os principais animais criados foram vacas, búfalos, bois e cabras, seguidos de porcos. Na comunidade estudada, 95% dos animais são criados. O número total de cabeças de gado (CN) na comunidade foi de 73,43 (média de CN=1,22±0,98). O menor número de CN foi mais frequente do que o maior número de CN (Figura 9).

(Nota: Para o fator de conversão do gado, ver anexo 2)

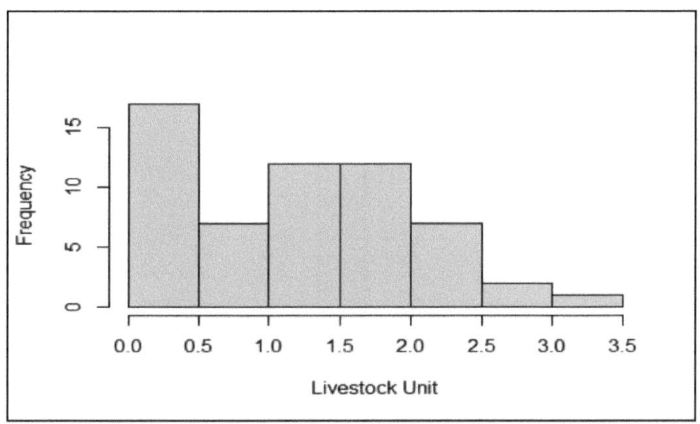

Figura 9: *Histograma do efetivo pecuário*

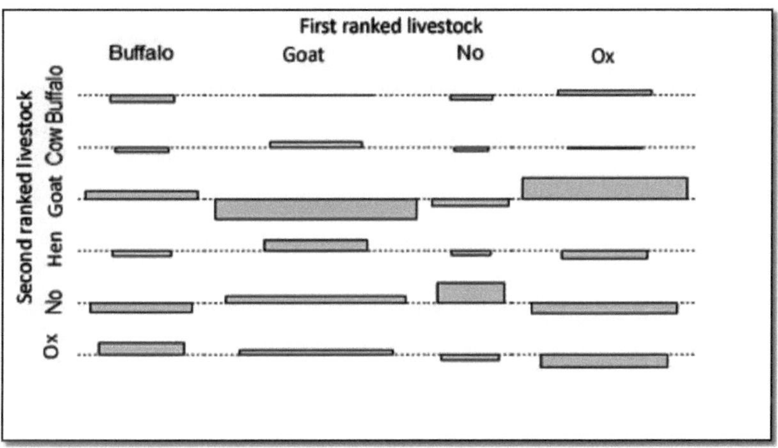

Figura 10: *Contribuição do efetivo pecuário para a geração de rendimentos*

As cabras ficaram em primeiro lugar e os bois em segundo lugar como as espécies pecuárias geradoras de rendimento mais preferidas (Figura 10) e verificou-se uma associação significativa entre o gado classificado em primeiro lugar e o gado classificado em segundo lugar (χ^2 valor=60,99, Df=24, p=<0,05).

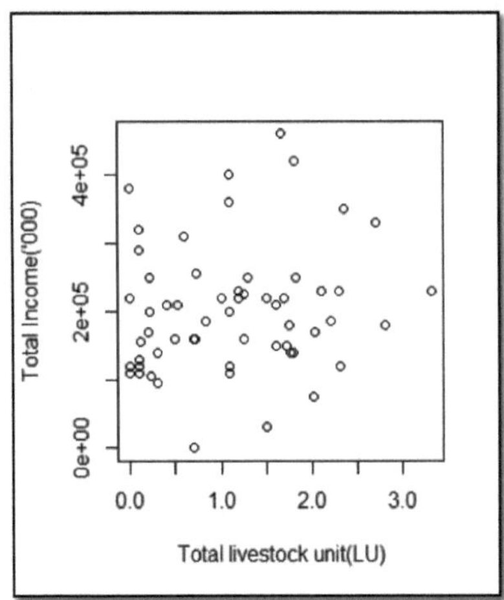

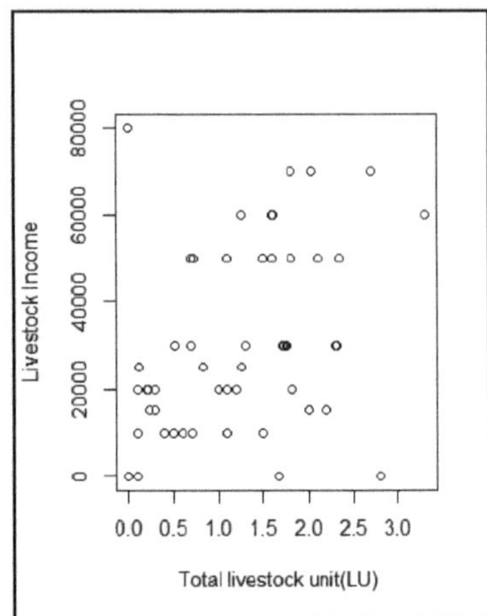

Figura 11: *Diagrama de dispersão que mostra a relação entre as CN e o montante do rendimento*

Não se registou uma relação significativa entre as CN totais e o rendimento total, ao passo que se observou uma relação significativa entre as CN totais e o rendimento dos animais e entre o rendimento total e o rendimento dos animais (Anexo 6).

Nenhum dos agregados familiares concordou que o número de cabeças de gado tinha aumentado após o estabelecimento do FC. As alterações do efetivo pecuário após o FC e as suas causas são as seguintes

Quadro 5: *Alteração do estatuto dos animais após a FC e respectiva razão*

SN	Pecuária	Variação do efetivo pecuário (% de inquiridos)		Causa da mudança de efetivo pecuário (% de inquiridos)		
		O mesmo	**Diminuído**	**Diminuição das forragens**	**Falta de mão de obra**	**Nenhum benefício**
1	Vaca	45	55	18	37	0
2	Búfalo	36.66	63.34	28.92	34.42	0
3	Boi	50.8	49.2	21.34	27.86	0
4	Cabra	34.42	65.58	31.14	32.78	1.66
5	Porco	91.77	8.23	0	4.96	3.27
6	Aves de capoeira	88.52	11.48	0	8.21	3.27

4.1.6. Recursos hídricos e saneamento

4.1.6.1. Recursos hídricos

A principal fonte de água potável era a torneira pública e a disponibilidade era ao longo de todo o ano. Para o gado, 51% utilizavam a torneira pública e a irrigação em pequena escala para a horta doméstica, enquanto 48,3% utilizavam a água do ribeiro para o gado. Dos agregados familiares incluídos na amostra, 54,09% concordaram que houve um aumento da disponibilidade de água potável após a criação do FC e 45,9% afirmaram que a disponibilidade foi a mesma após a transferência do FC. Para além da irrigação alimentada pela chuva, a irrigação com águas superficiais esteve disponível durante 6-8 meses, o que também se verificou após a criação do programa do FC, o que foi afirmado por 57,37% dos inquiridos.

4.1.6.2. Saneamento

Antes do estabelecimento do FC, 75% tinham latrinas abertas, 18% tinham latrinas simples e apenas 7% tinham latrinas com fossa séptica, enquanto que após o estabelecimento do FC 93% tinham latrinas com fossa séptica (Figura 12).

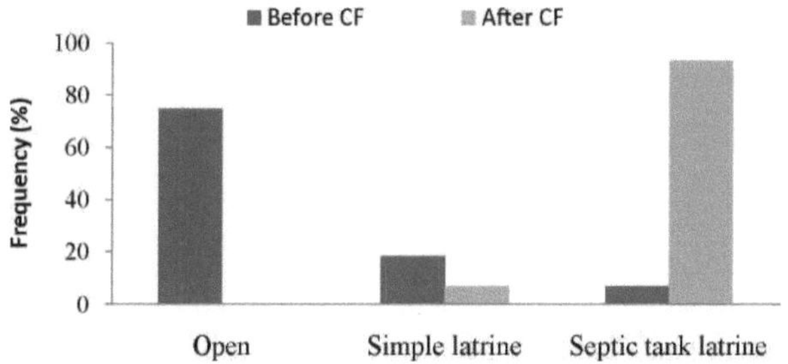

Figura 12: *Mudança no saneamento antes e depois do estabelecimento do FC*

Dos agregados familiares incluídos na amostra, 34,42% concordaram que houve melhorias na higiene pessoal após o programa de FC, 63,93% concordaram que só houve melhorias no saneamento da aldeia e 1,69% concordaram que houve melhorias na qualidade da água potável

4.2. Dependência dos produtos florestais e contribuição do FC

4.2.1. Fontes de forragem

Cerca de 6,66% referiram que não criavam gado e os que tinham gado, alimentavam-no em estábulo. Cerca de 85,24% dependiam de terras privadas para obter capim e cerca de 8,19% dependiam do FC. Do mesmo modo, no que respeita às forragens, cerca de 65,57% dependiam de terras privadas, 14,7% do FC e cerca de 13,1% de terras privadas e do FC. Do mesmo modo, no que respeita às forragens, cerca de 63,93% dependiam de terras privadas e 29,50% de CF, bem como de terras privadas (Figura

13).

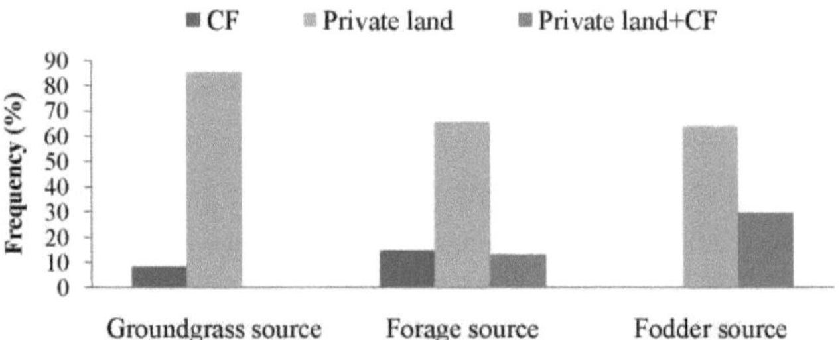

Figura 13: *Contribuição das fontes para a alimentação do efetivo pecuário disponível*

O total de CN na área estudada foi de 73,43 e o total de forragem necessária para este CN foi de 117,488 toneladas métricas por ano. Mas na floresta o volume total de espécies forrageiras disponíveis era de 2038,168 toneladas métricas. Analisando com o CN requerido, este volume foi suficiente para 1273,85 CN (Tabela 6).

Tabela 6*: Volume disponível de espécies forrageiras na floresta estudada e no CN sustentado*

S.N	**Dados primários (2070)**		
	Volume de espécies forrageiras por ha (m3)	**Volume de espécies forrageiras por ha (em toneladas métricas)**	**Valor de CN em função do volume**
Bloco 1 (58)	9.55	11.05	6.90625
Bloco 2(64)	29.43	25.53	15.95625
Bloco 3 (18)	2.15	1.038	0.64875
Bloco 4(33)	3.89	2.62	1.6375
Bloco 5 (57)	6.03	4.07	2.54375
Média	10.21	8.8616	5.5385

Nota: $1m^3$ =2,41 toneladas métricas, 1 CN necessita de 1,6 toneladas métricas de forragem por ano (GoN, 2071). *Como o sal não foi considerado a primeira espécie forrageira preferida, o seu volume foi excluído. Utilizaram-no apenas em condições de carência de forragem.*

As principais espécies vegetais preferidas pela população local para o seu gado foram *Leuceana leucocephala* (Epil-epil), *Terminalia alata* (Saaj), *Shorea robusta* (Sal), etc. (Figura 14).

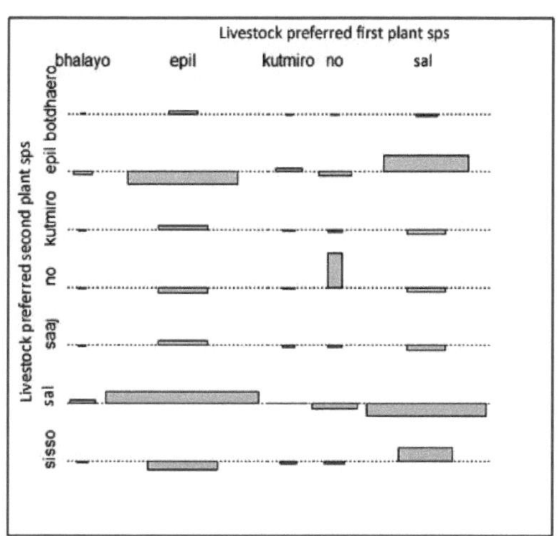

Figura 14: *Espécies vegetais preferidas pelo gado*

A maioria dos agregados familiares (>50%) registou uma tendência decrescente na disponibilidade de recursos forrageiros, forragem e erva após o estabelecimento do FC (Figura 15).

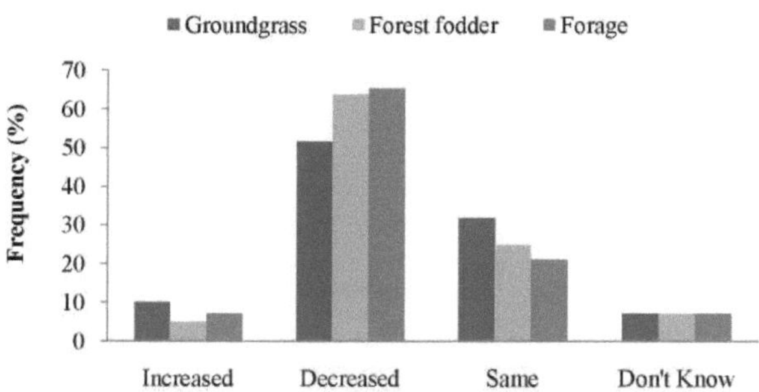

Figura 15: *Tendência da disponibilidade de forragem, forragem e erva após o estabelecimento da FC*

4.2.2. Energia

A maior parte da procura de energia foi satisfeita principalmente por lenha, seguida de eletricidade, querosene, estrume animal, GPL e painel solar. Entre as famílias inquiridas, 96,7% usavam lenha para satisfazer as suas necessidades energéticas. O consumo médio anual total de lenha foi de 1368±436,47 kg/ano/HHs e a quantidade média de lenha fornecida pelo FC foi de 300(kg/ano/HHs). No entanto, o uso de lenha entre os agregados familiares variou significativamente ($p<0,001$) e apenas 31,60% da procura de lenha foi satisfeita pelo FC, sendo o restante proveniente de terrenos privados (63,3%) e do mercado (1,60%). Verificou-se que a utilização de lenha e a utilização de resíduos agrícolas para energia estão associadas entre si ($\chi^2 = 7{,}1253$, $p = 0{,}1294$), enquanto outras fontes de energia não tiveram qualquer influência no consumo de lenha como fonte de energia.

Quadro 7: *Fontes de energia e respectiva quantidade média de consumo*

Fonte de energia	Lenha	Agri. Resíduos	Querosene	GPL	Estrume de gado
Avg. Quantidade	1318,5 kg	23,66667 kg	2.1Lt	0.05	15,5 kg

As principais espécies vegetais preferidas pela população local da FC para lenha foram *Shorea robusta, Terminalia alata, Dalbergia sisso, Lagerstroemia indica, Syzygium cumini* e *Lagerstroemia parviflora* (Anexo 12).

4.2.3. Desenvolvimento das infra-estruturas

A receita média anual cobrada pelo FC foi de Rs. 3,00,000 e investiu esta receita em várias actividades de desenvolvimento, tais como educação, estradas, canais de irrigação e infra-estruturas comunitárias, tais como saneamento e abastecimento de água potável. O FC apoiou o aumento da qualidade do ambiente, a sensibilização do público para a conservação das florestas e o desenvolvimento das infra-estruturas físicas da comunidade (Figura 16). O FC criou uma escola em Shantinagar-9 e construiu várias torneiras públicas de água potável na comunidade.

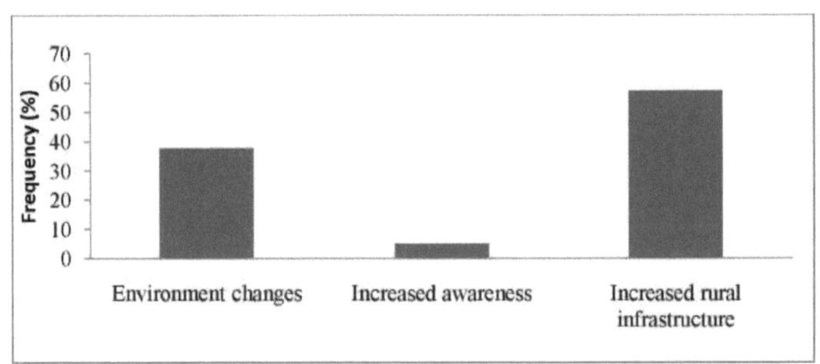

Figura 16: *Mudança social na comunidade após a criação do FC*

4.2.4. Exposição social e harmonia

O comité CF também ajudou a manter a harmonia social entre os aldeões. Os conflitos sociais de pequena escala foram resolvidos no seio da comunidade através da facilitação do comité comunitário de utilizadores da floresta (CFUC). Ao mesmo tempo, o CFUC desempenhou um papel vital na tomada de decisões sobre várias actividades de desenvolvimento da comunidade. Até o CFUC concedeu empréstimos aos membros do CFUG a juros baixos. No contexto do empoderamento das mulheres, 80,32% referiram que o programa CF_1 não tinha contribuído diretamente para quaisquer actividades de empoderamento das mulheres, enquanto 19,67% referiram que o CF tinha contribuído indiretamente, reduzindo a pressão no trabalho.

4.3 Diversidade, regeneração e gestão da FC

4.3.1. Parâmetro estrutural

4.3.1.1. Árvores

Havia 17 espécies diferentes de árvores com uma densidade de 483,75 ind/ha. O índice de diversidade de Shannon-Weiner (H) foi de 0,48 e o índice de uniformidade (E) foi de 0,39 da FC. A espécie arbórea com densidade máxima de 365,63 ind/ha, frequência de 97,5%, área basal de 20,37 m^2 /ha e IVI de 196,01 foi a *Shorea robusta*, seguida da *Dalbergia com um* IVI de 17,33. Da mesma forma, a espécie arbórea com densidade mínima de 0,63 ind/ha, frequência de 2,5%, área basal de 0,01 m^2 /ha e IVI de 0,98 foi Korikat (Anexo 7).

O volume de Sal por ha em cada bloco mudou entre os anos 2063 A.S. e 2071 A.S., o que é mostrado na Tabela 8. Quando o volume de Sal de 2063 foi convertido em valor monetário à taxa nacional, o preço médio tornou-se Rs 28976.651 por ha. Da mesma forma, quando o volume de Sal de 2071 foi convertido em valor monetário à taxa nacional, o preço médio tornou-se Rs 150566,104 por ha (Tabela 8).

Quadro 8: *Variação do volume de sal por hectare e do preço estimado da madeira*

SN	Dados secundários (2063 B.S)		Dados primários (2070 B.S)	
	Volume de Sal por ha (m)³	Madeira Preço do sal (Rs 533 por m)³	Volume de sal por ha (m)³	Madeira Preço do sal (Rs 533 por m)³
Bloco 1(58)	71.93	38338.69	247.6	131970.8
Bloco 2(64)	48.609	25908.597	322.72	172009.76
Bloco 3(18)	52.204	27824.732	382.6	203925.8
Bloco 4(33)	87.57	46674.81	37.6	20040.8
Bloco 5(57)	11.513	6136.429	421.92	224883.36
Total	54.3652	28976.6516	282.488	150566.104

(Nota: O preço das diferentes classes de sal é diferente (classe A = 800, classe B = 500 e classe C = 300) de acordo com os dados nacionais (GoN, 2069). *No presente estudo, o sal não foi classificado como sendo de primeira, segunda ou terceira classe, pelo que o preço médio (533 rupias) foi considerado como preço normal).*

4.3.1.2. Rebento

Foram encontradas 26 espécies de plantas com uma densidade total de 2600 ind/ha. Entre elas, *a Shorea robusta* foi a muda mais comum, com uma densidade mais elevada de 1250 ind/ha e uma frequência de 97,75%, e as mudas com menor densidade foram as de *Mangifera indica, Bauhinia purpurea e Garuga pinnata*, com uma densidade de 5 ind/ha e uma frequência de 1,25% (Anexo 8). Da mesma forma, o índice de diversidade de Shannon-Weiner das mudas foi de 0,91 e o índice de uniformidade foi de 1,41.

4.3.1.3. Mudas

No total das parcelas amostradas, foram encontradas 9 mudas de árvores diferentes. A densidade mais baixa de plântulas foi a de *Psidium guajava* com densidade de 125 ind/ha e frequência de 1,25% e *Mallotus philipensis, Xeromplis spinosa* com densidade de 250 ind/ha e frequência de 2,5% e 1,25% respetivamente (Anexo 9). Da mesma forma, o índice de diversidade de Shannon-Weiner foi de 0,231 e o índice de regularidade foi de 0,95.

4.3.I.4. Densidade das árvores e DAP médio

Verificou-se que a densidade das árvores tem uma tendência crescente com uma tendência decrescente do DAP médio (23,1 cm) das árvores no CF, tendo sido observada uma equação linear com uma interceção de 390,086 e uma inclinação de -6,336 (Figura 17).

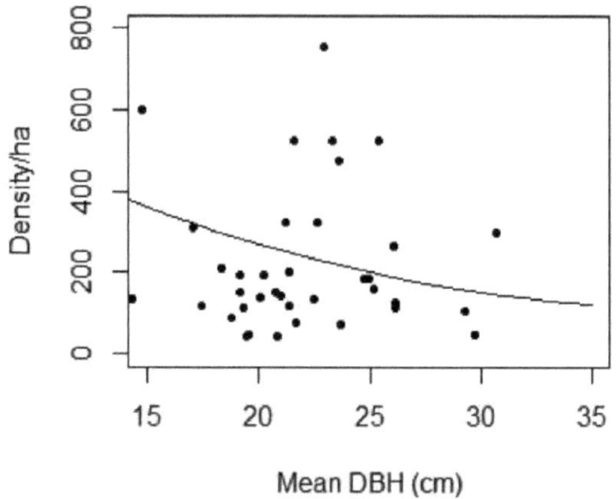

Figura 17: *Apresentação gráfica da densidade de árvores e do DAP médio com uma linha de tendência linear*

4.3.2. Estado de regeneração

O rácio entre árvores e plântulas foi de 1,76 na área estudada, enquanto o rácio entre árvores e plântulas foi inferior ao rácio entre árvores e plântulas (Quadro 9).

Quadro 9: *Rácio plântula-plântula-árvore*

Árvore: Rebento	Árvore :Plântula	Rebento :Plântula
1.488461538	2.632653061	1.768707483

4.3.2.1. Cortar cepos

A floresta não foi perturbada na maior parte das regiões interiores, no entanto, foram registados pastoreio e queda de árvores na orla da floresta perto da área de povoamento. Em todas as parcelas estudadas, a densidade total de cepos cortados foi de 38,75 ind/ha. O maior número de cepos cortados era de *Shorea robusta (71%)* (Figura 18) com uma densidade de cepos de 27,5 ind/ha e os mais baixos eram de *Syzygium cumini e Lagerstroemia parvflora*, ambos com uma densidade de cepos de 1,25 ind/ha (Anexo 10).

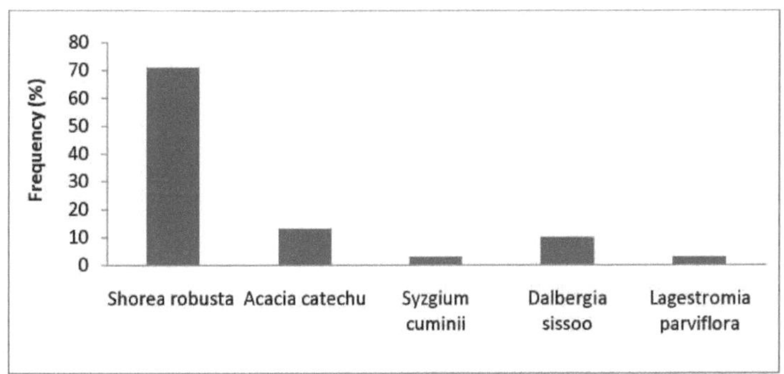

Figura 18: *Frequência de diferentes espécies de árvores no total de cepos cortados*

4.3.2.2. Problemas de ervas daninhas e espécies invasoras na FC

Foram observadas ervas daninhas florestais indesejadas e espécies de natureza invasora, como o Karauti *(Cyperus cyperoides)*, o Gande jhar *(Lantena camera)* e o patpate *(Gaultheria fragrantissima')*, com uma vasta gama de distribuição e com uma densa cobertura de sub-bosque na floresta. Embora 29,78% dos inquiridos tenham declarado que não utilizavam estas ervas daninhas, 37,70% declararam que as utilizavam como cama para animais, 14,5% como bio-esgrima, 13,11% como adubo verde e 4,91% como material de queima após secagem.

4.3.3. Gestão e perceção de FC

4.3.3.1. Acesso aos recursos florestais e partilha de benefícios

Como outros FCs, o FC Shanti também formou um CFUC de 13 membros e estabeleceu certas regras sobre o acesso e a coleta de produtos florestais, tais como a restrição da coleta de lenha, forragem, madeira e PFNMs. No que diz respeito à madeira, o CFUC só dava permissão aos usuários que tinham sofrido calamidades naturais ou àqueles que tinham se separado da família e precisavam construir sua própria casa depois de pagar uma taxa. Além disso, a gerência do CFUC só vendia madeira fora da aldeia porque fixava taxas mais altas para outros membros do que para os CFUGs. Relativamente à lenha, só lhes era permitido recolher uma vez por ano depois de a pagarem. No que diz respeito à forragem, à forragem e à erva moída, podiam recolher duas vezes por ano, depois de pagarem por ela. Aqueles que não seguissem as regras estabelecidas pelo comité eram multados.

Em relação à perceção do inquirido, 58,33% concordaram que o principal produto florestal colhido era a madeira, 31,66% concordaram com a forragem e 10% concordaram com a lenha. Todos os utilizadores praticam a colheita colectiva de lenha verde no CF. Todos os produtos colhidos foram distribuídos equitativamente entre os membros dos CFUGs que participaram nas actividades de colheita, depois de terem pago por eles, de acordo com as regras e regulamentos estabelecidos pelo CFUC. O preço prescrito dos produtos florestais para as pessoas pobres e ricas era o mesmo, pelo que é muito difícil para as pessoas pobres comprarem os produtos florestais.

Agregando a perceção do inquirido, 55,73% referiram que havia caça furtiva na FC, enquanto 44,26% referiram que não havia caça furtiva na FC. Do mesmo modo, 78,68% concordaram que nenhum dos membros do CFUC pode utilizar o CF para uso pessoal, enquanto 21,31% referiram que os membros do CFUC podem utilizar o CF para uso pessoal.

4.3.3.2. Participação na tomada de decisões

A participação dos diferentes grupos sociais nas reuniões do FUG não foi uniforme entre as diferentes castas e géneros. Em geral, a participação das mulheres e das castas inferiores é muito inferior à das mulheres e dos homens das castas superiores. A análise da composição do CFUC revelou que este era dominado por membros masculinos e de castas superiores (Quadro 10).

Quadro 10: *Representação de diferentes grupos étnicos e género no atual CFUC*

Etnia		**Género**		**Total**
Brahmin e Chhetri	Outros	Homens	Mulheres	
13	-	12	1	13

4.3.3.3. Perceção das pessoas sobre a FC

Antes do estabelecimento do FC, os inquiridos recolhiam os produtos florestais à sua vontade e em qualquer lugar da floresta, mas após o estabelecimento do FC e a formação do comité de gestão, foram definidos os horários e as regras para a recolha de produtos florestais. Dos agregados familiares incluídos na amostra, 40% expressaram que o FC tinha limitado a comunidade na recolha de produtos preferenciais, 24,59% expressaram que tinha limitado o livre acesso à floresta, 18,03% expressaram que tinha havido conflito social sobre a utilização dos recursos, enquanto 16,39% concordaram que não havia qualquer desvantagem do programa FC. Relativamente ao sistema de colheita de produtos florestais, 72,13% concordaram que a colheita era sustentável, enquanto 27,86% não concordaram. Para tornar o FC sustentável, 62% concordaram que deviam utilizar fontes alternativas de energia, como o biogás, a energia solar, etc., 21,31% concordaram que deviam proteger o FC no seu estado original e 16,39% concordaram que deviam plantar mais árvores no FC.

Para aumentar o rendimento da floresta, 55,73% concordaram que o CFUC deve aumentar a venda de madeira, 27,86% concordaram que deve haver venda de folhas de *Shorea robusta*, uma vez que se trata de uma floresta dominada *por Shorea robusta* e 16,39% concordaram que o CFUC deve comercializar as plantas medicinais que estão presentes na floresta. Dos agregados familiares incluídos na amostra, 61,7% referiram que o seu tempo de recolha de produtos florestais tinha sido poupado. Como o CFUC limitou o acesso à floresta, o tempo gasto diariamente foi poupado. A média anual de dias poupados foi de 14,25 dias por agregado familiar. Se esses dias economizados por ano fossem convertidos no valor monetário do salário à taxa local (Rs 400 por dia), isso equivaleria a uma média de 5700 por ano. A maioria dos agregados familiares (38,66%) utilizou este tempo para realizar as suas próprias actividades, criar gado (26,33%) e alguns gastaram-no em actividades educativas (8,33%).

CAPÍTULO 5: DEBATE

5.1. Contexto socioeconómico

Na área estudada, a dimensão média das famílias era de 5,33, valor superior à média nacional de 4,11 (CBS, 2011). Em comparação com a percentagem nacional de alfabetização (65,9%), a área estudada tinha uma percentagem menor de alfabetização, o que indica uma baixa oportunidade de escolarização das pessoas. Como as infra-estruturas dos agregados familiares e as instalações sanitárias das casas indicam o bem-estar da família, 85% das casas foram construídas com tijolo/pedra-lama (pilares de madeira), o que foi mais do que a média nacional de 41,38% e 15% com cimento e combinação de tijolos, menos do que os dados médios nacionais (CBS, 2011). Os dados (Figura 4) mostraram que a área estudada ainda precisava de madeiras da floresta para novas construções e manutenção da estrutura dos HHs porque a maioria dos HHs era do tipo tradicional e a tradição ainda persiste. Em comparação com os dados nacionais de saneamento (CBS, 2011), 61,9% das casas tinham casas de banho, o que indica que a área estudada estava consciente em relação ao saneamento, porque o CFUC promoveu a construção de casas de banho pelos utilizadores do CF, fornecendo-lhes madeira e apoio financeiro. O CF também investiu as suas receitas na construção de infra-estruturas de água potável e de saneamento. A comunidade estudada estava a receber melhores instalações do que antes. Conclusões semelhantes foram apoiadas por Malla (2000) e Pokharel *et al.* (2005).

Embora vários investigadores tenham concluído que o FC tinha contribuído para melhorar a produção agrícola e o sistema de cultivo (Branney & Yadhav, 1998; Pokharel, 2004), a conclusão não parece estar de acordo com o presente trabalho de investigação (Figura 8). Na zona estudada, 90% dos inquiridos não referiram quaisquer alterações no sistema agrícola, mesmo após o programa FC_1 . O estudo mostrou que 90% das casas estavam envolvidas na agricultura, mas o maior rendimento recebido provinha do emprego no estrangeiro (Figura 5), 37,6% das famílias da área estudada dependiam totalmente desse emprego, enquanto 34,3% das famílias dependiam do rendimento agrícola. Nos últimos anos, o emprego no estrangeiro emergiu como uma fonte de rendimento, 58,3% dos membros das famílias da amostra estavam fora do país para emprego no estrangeiro. Em termos de benefícios monetários, o rendimento médio do emprego no estrangeiro era superior ao de outros empregos, pelo que a atração por este sector era cada vez maior (Quadro 2). A suficiência de rendimentos foi um dos principais indicadores do bem-estar dos agregados familiares, tendo a comunidade registado uma tendência de melhoria na suficiência de rendimentos a partir da referência do estabelecimento do FC (Figura 6). Isto pode dever-se ao aumento do emprego no estrangeiro ou à enorme produção de remessas. Resultado semelhante foi também encontrado por (Roy, 1999).

5.2. Dependência dos produtos florestais e contribuição do FC

Quanto ao gado, 95% dos agregados familiares criam-no para fins domésticos e, em termos de geração de rendimentos, os inquiridos classificaram a cabra, o boi e as galinhas como 1st , 2nd e 3rd respetivamente (Figura 10). Mas apesar de ser uma boa fonte geradora de rendimentos, os dados sociais e as discussões dos grupos de centragem mostraram que houve uma diminuição das CN após o programa de FC, ao passo que a análise dos dados sobre a vegetação mostrou que a forragem florestal ainda era suficiente para 1156,362 CN (Quadro 6). Isto reflecte que o FC foi suficientemente pobre para fornecer a alimentação do gado. Menos CN necessitam de menos forragem. A maior frequência de espécies pouco valorizadas em termos de CN indica que a comunidade cultiva menos espécies que exigem forragem/forragem, de modo a poderem alimentar-se nas suas terras privadas ou nas terras agrícolas (Figura 9). A diminuição do CN deveu-se à diminuição da mão de obra disponível e o acesso restrito ao CF também pode ser a causa oculta da diminuição do CN, o que também foi apoiado pelo Quadro 5. Um resultado semelhante foi também encontrado por Roy (1999). As fontes de rendimento extra-agrícolas, como principal fonte de rendimento para a subsistência, devem ser consideradas com a devida importância. Isso reduziria a dependência da floresta e a pressão sobre os recursos florestais.

De acordo com os dados sociais e as discussões dos grupos de centragem, o acesso à floresta era restrito e o sistema de pagamento dos produtos florestais foi aplicado após o programa do FC. Por conseguinte, as pessoas foram obrigadas a plantar árvores nas suas terras privadas para poderem satisfazer a procura de alguns produtos florestais. Assim, para a forragem e a lenha, a comunidade estava mais dependente das terras privadas do que do FC.

O sal é uma das melhores espécies de árvores para a produção de madeira. O volume de sal por hectare aumentou e os rendimentos provenientes do sal aumentaram entre os anos 2063 e 2071. O aumento do volume de sal pode dever-se a uma prática eficaz de gestão florestal ou ao facto de estarem mais concentrados na produção de madeira. Além disso, protegeram o sal, que constituía uma grande fonte de rendimento. Em termos de cobrança de receitas florestais, o FC parece ter sido bem sucedido na cobrança de receitas provenientes da produção de madeira, o que seria benéfico para uma gestão florestal eficiente, bem como para o CFUG, se utilizado corretamente. Com efeito, o FC tem de investir 25% do seu rendimento na gestão florestal e o restante em objectivos de desenvolvimento comunitário (Gautam *et al.,* 2004). Os CFUGs também conseguiram gerar fundos a partir de outras fontes, tais como a taxa de registo, a taxa de filiação, as sanções e a taxa de punição. Embora o montante dos rendimentos gerados pelos FUGs varie muito e dependa do tamanho, do estado e do tipo de floresta (Malla, 2000), o local estudado estava empenhado no desenvolvimento de infra-estruturas mais amplas, o que foi apreciado por todos os aldeões e mostrou uma atitude positiva em relação ao programa de FC. Os resultados acima referidos são coerentes com vários resultados de investigação, como os de Chakraborty (2001), Webb e Gautam (2001), Thomas (2008), Kanel (2004) e Shrestha (2004).

5.3. Diversidade, regeneração e gestão da FC

A floresta foi observada como uma floresta de idade uniforme porque a maioria do DAP das árvores se encontrava numa gama pequena (Figura 17). Do ponto de vista da densidade e frequência observadas, verificou-se que a floresta era dominada por *Shorea robusta.* Comparando os valores da área basal, *o Shorea robusta* tinha um valor notavelmente elevado do que as outras espécies da floresta. Era óbvio que se tratava de uma floresta dominada por Shorea, mas outros factores também influenciaram o valor, como por exemplo o facto de os CFUGs, devido ao elevado valor madeireiro da árvore *Shorea robusta,* darem prioridade à conservação até uma idade mais avançada em vez de outras espécies, o que também foi apoiado pelo resultado encontrado por Acharya *et. al,* 2002.

Os dados do IVI obtidos provaram claramente que *a Shorea robusta* era a espécie mais dominante na floresta, desempenhando um papel importante no ecossistema florestal (Anexo 5). A gestão da FC deu mais ênfase à manutenção de espécies de árvores produtoras de madeira do que de espécies preferidas para a produção de forragem e forragem (Anexo 11), o que reduz a potencialidade da floresta para prestar diversos serviços aos utilizadores. Um resultado semelhante foi também mencionado no estudo efectuado por Gautam *et al,* 2010.

A diversidade de espécies é uma função do número de espécies numa determinada área. Como o índice de diversidade de Shannon-Weiner da muda (1,95) foi elevado, podemos dizer que as espécies da muda eram altamente diversificadas do que as das árvores (1,04) e das plântulas (0,45). Como *a Shorea robusta* era a espécie dominante na floresta, esta pode ter dominado outras espécies (Gautam *et al.*, 2010). Analisando as densidades totais e as frequências das árvores, rebentos e plântulas da floresta (Anexos 7, 8, 9), a floresta não estava madura; estava em estado de regeneração, o que também foi verificado pelo tamanho homogéneo do DAP das árvores (Figura 17). Pode haver também outro fator, que é o modo de utilização das árvores, que pode ser elevado, pelo que a densidade de árvores na floresta era baixa em comparação com a densidade de rebentos e plântulas.

O número de cepos cortados na floresta indica o processo de corte e as perturbações humanas. A maior parte dos cepos cortados foram principalmente explorados para a produção de madeira e de lenha. Por conseguinte, estas espécies estão a suportar a pressão do consumo. Em termos de produção de madeira e de tendência atual de utilização, a FC parece ser sustentável porque as plântulas e as mudas, a densidade das árvores e o IVI atual das principais árvores cortadas foram bem mantidos.

Uma das razões subjacentes à oferta limitada de produtos florestais como a lenha e a forragem provenientes da FC foi a abordagem orientada para a proteção da gestão florestal adoptada pelo CFUC (Pandit & Thapa, 2004; Yadav *et al,* 2003). Estudos anteriores realizados em contextos ecológicos e socioeconómicos semelhantes no Nepal referiram que, quando os CGUC assumem a responsabilidade pela gestão da floresta, estabelecem regras de gestão simples, mas geralmente conservadoras, e limitam as colheitas por área, qualidade do produto ou por período do ano (Branney, 1998; Neupane, 2003). Ao observar a área estudada, o CFUC também tinha adotado a mesma estratégia. Essa abordagem afeta negativamente os membros marginalizados da comunidade, especialmente os HHs pobres, porque haveria menos oportunidade para eles suplementarem os produtos florestais restritos de sua própria terra privada. Isso acaba resultando em mais desigualdade dentro da comunidade e também pode ser uma ameaça potencial à sustentabilidade do programa a longo prazo. Isto pode dever-se a um conhecimento limitado sobre os rendimentos e as reacções reais da floresta à intervenção e a preocupações dos FUGs sobre o risco de degradação dos recursos (Neupane, 2003).

O acesso limitado e o sistema de pagamento de produtos florestais aplicados após o programa FC reduziram a freqüência de visitas à floresta e levaram à diminuição da coleta de produtos florestais. A redução do tempo diário gasto para a recolha de produtos florestais, especialmente o estilo de vida das mulheres, tornou-se mais fácil do que antes, resultados semelhantes foram apoiados por Gautam *et al.*, 2004. Isso pode ser útil para os usuários, pois a maioria deles utilizou seu tempo economizado para fazer suas próprias atividades de HH e alguns utilizaram-no para a criação de gado.

Houve uma distribuição igual dos produtos florestais entre os utilizadores durante o período de colheita, o que foi o oposto do estudo feito por vários investigadores (Chakraborty, 2001; Malla, 2000; Harper & Tarnowski, 2003). O preço prescrito dos produtos florestais para as pessoas pobres e ricas era o mesmo, o que tornava muito difícil para as pessoas pobres comprarem os produtos florestais. Da mesma forma, a participação dos diversos grupos sociais no CFUC não era uniforme entre as castas e os sexos (Tabela 10). Os resultados acima reiteram a perceção geral predominante entre os estudiosos de que a oportunidade para as pessoas socialmente marginalizadas de se envolverem na tomada de decisões comunitárias não está sendo realizada na prática (Luitel, 2006). De um modo geral, a participação das mulheres e das castas inferiores foi muito inferior à dos homens de castas superiores. Os grupos de elite dominam maioritariamente as decisões do CFUC e os grupos desfavorecidos no seio das comunidades são os que mais sofrem, uma vez que não têm meios para participar, não podem exprimir-se e raramente são ouvidos quando o fazem (Adhikari *et. al,* 2003). Assim, apoiar os grupos pobres e desfavorecidos para a sua subsistência era um grande desafio na área estudada.

CAPÍTULO 6: CONCLUSÃO E RECOMENDAÇÃO

6.1. Conclusão

A comunidade estudada era uma comunidade agrária integrada na pecuária. Nos últimos anos, a comunidade teve mais acesso a diversas fontes de rendimento, como emprego estrangeiro, emprego nativo e negócios, para além das fontes de rendimento tradicionais, como a pecuária e a agricultura. O FC foi considerado como uma fonte suplementar de produtos florestais. O programa FC_1 foi considerado bem sucedido na contribuição para as actividades de desenvolvimento da comunidade, especialmente em termos de desenvolvimento de activos físicos dentro da comunidade.

Analisando a situação atual em termos de diversidade de árvores e de diversidade entre plântulas e mudas, verificou-se que a FC está ameaçada de perda de biodiversidade porque as outras árvores não produtoras de madeira não têm prioridade na abordagem de conservação. A CF estava mais centrada na atividade de produção de madeira do que na satisfação das necessidades de forragem, forragem e lenha das comunidades locais e na manutenção da biodiversidade da floresta. No entanto, se observarmos os aspectos ocultos do CFUC, o processo de tomada de decisões era geralmente controlado pelos membros de elite dos CFUGs. Além disso, os actuais sistemas de colheita e distribuição de produtos florestais parecem ser desfavoráveis para as famílias mais pobres e para os grupos socialmente desfavorecidos devido ao sistema de pagamento igual. Da mesma forma, o FC estudado era fraco no que diz respeito à inclusão social e ao empoderamento das mulheres.

De modo geral, o programa CF_1 de Shantinagar foi bem-sucedido na melhoria dos bens físicos, financeiros e naturais, em vez dos bens humanos e sociais. Os utilizadores foram considerados muito positivos em relação ao programa FC_1 , apesar de terem um acesso limitado e gratuito, devido aos seus benefícios multidimensionais provenientes das receitas e de um povoamento florestal bem conservado. A floresta foi conservada, mas a falta de gestão científica, a ignorância em relação aos PFNLs e o menor conhecimento sobre a importância da manutenção da biodiversidade foram as deficiências técnicas.

6.2. Recomendações

1. A gestão da FC deve considerar a utilização da floresta como uma fonte de rendimento através da silvicultura comercial e da utilização de outros produtos e serviços florestais.

2. A conservação e a exploração dos produtos florestais devem estar de acordo com as preferências do utilizador.

3. A biodiversidade deve ser mantida e deve ser dada prioridade às espécies menos dominantes, para além das principais espécies arbóreas produtoras de madeira.

4. A remoção não científica da cobertura do sub-bosque e a limpeza das ervas daninhas devem ser regulamentadas para evitar a perda de biodiversidade e a sustentabilidade do ecossistema florestal.

6. É necessário aumentar a participação das mulheres e de outros grupos desfavorecidos nas actividades de tomada de decisão

7. O FC deve promover a criação de gado devido ao enorme potencial de forragem existente na floresta.

REFERÊNCIAS

Acharya, K.P. (2002). Twenty-Four Years of Community Forestry in Nepal (Vinte e quatro anos de silvicultura comunitária no Nepal), *International Forestry Review* 4(2):149-156

Acharya, K.P., Tamrakar, P.R., Gautam, G., Regmi, R., Adhikari, A. e Acharya, B. (2002). Managing tropical sal forests (Shorea robusta) of Nepal in short rotations: findings of a 12year long research, *Banko Janakari,* 12(1): 71-75

Acharya, K.P. (2008). Forest Tenure Regimes and Their Impact on Livelihoods in Nepal (Regimes de posse da floresta e seu impacto nos meios de subsistência no Nepal). *Journal of Forest and Livelihood, 7(1):* 6-18

Adhikary, J.N. e Ghimire, S. (2003). Bibliography of environmental justice (Nepali Version), Martin Chautari and Social Development and Research Centre, Kathmandu

Agrawal, A. e Ostrom, E. (2001). Collective action, property rights, and decentralization in resource use in India and Nepal (Ação colectiva, direitos de propriedade e descentralização na utilização de recursos na Índia e no Nepal*). Politics and Society* 29: 485-514

Anglesen, A. e Wunder, S. (2003). Exploring the Forest- Poverty Link: Key concepts, Issues and Research Implications. CIFOR Occasional paper no 40.CIFOR, Indonésia

Anon (2004). Resumo: Auditoria social e geográfica de seis distritos de colinas do Livelihoods Forestry Programme (Programa de Subsistência Florestal), LFP, Katmandu

Anon (2010). Constituição da Floresta Comunitária, Lalitpur: Grupo de utilizadores da floresta comunitária de Patale, Lalitpur Nepal

Baral, J.C. e Subedi, B.R. (1999). Is community forestry of Nepal's Terai in right direction? *Banko Janakari* 9 (2): 20-2

Bhattacharya, A.K. e Basnyat, B. (2003). An analytical study of operational plans and constitution of Community Forests User Groups at Nepal's Western Terai (Um estudo analítico dos planos operacionais e da constituição de grupos de utilizadores das florestas comunitárias no Terai Ocidental do Nepal*). Banko Jankari* 13(1): 3-14

Bhattarai, A.M. eKhanal, D.R. (2005). Communities, ForestsandLawof Nepal: Present State and Challenges. Publicado pela Federation of Community Forest Users Nepal, Forum for Protection of Public Interests e Centre for International Environmental Law, 2005.

Branney, P. e Yadav, K.P. (1998). Changes in Community Forestry Condition and Management 1994-98: *Analysis of Information for the Forest Resource Assessment Study and Socio-Economic*

Study of the Koshi Hills. Relatório do projeto G/NUKCFP/32, NUKCFP, Katmandu, Nepal

Brown, D. K., Shreckenberg, Shepherd, G. e Wells, A. *(2002). Forestry as an entry point for governance reform,* Overseas Development Institute, Forestry briefing, No. 2.

CBS (2011). *Censo Nacional da População e da Habitação 2011 (Comité de Desenvolvimento da Aldeia/Município).* Secretariado da Comissão Nacional de Planeamento, Catmandu, Nepal

Chakraborty, R.N. (2001). Stability and outcomes of common property institutions in forestry: evidence from the Terai region of Nepal (Estabilidade e resultados das instituições de propriedade comum na silvicultura: dados da região Terai do Nepal). *Ecological Economics* 36: 341-353

Chambers, R. e Conway, G.R. (1991). *Sustainable Rural livelihoods: Practical concepts for the 21st century.* Documento de discussão 296, Institute for Development Studies (IDS), Universidade de Sussex: Brighton.

Chapagain, N. e Banjade, M. R. (2009). Community Forestry and Local Development (Silvicultura Comunitária e Desenvolvimento Local): Experiences from the Koshi Hills of Nepal. *Journal of Forest and Livelihood, 8(2),* 78-92.

Chaulagain, R.P. (2005). *Dynamics of forest user group governance.* Uma tese de investigação apresentada em cumprimento parcial do requisito para o grau de mestre em ciências do ambiente, Universidade de Tribhuvan.

Curtice, J. (1959). *The Vegetation of Wisconsin: an ordination of plant communities, Madison, Wisconsin,* The University of Wisconsin Press.

Das, N. (2010). Incidence of forest income on reduction of inequality: evidence from forest dependent households in milieu of joint forest management. *Ecological Economics* 69:-1625.

DFID (1999). *Sustainable Livelihood Guide Sheet.* Recuperado em 10 de outubro de 2013 de http://www.eldis.org/go/llivelihoods/

Edmonds, E.V. (2002). Government-initiated community resource management and local resource extraction from Nepal's forests. *Jornal de Economia do Desenvolvimento* 68(1):89-115

FAO (1978). Silvicultura: a declaração de Jacarta (oitavo congresso mundial de silvicultura, outubro de 1978)

FAO (2003a). Base de dados estatísticos da FAO na world wide web. Recuperado em 25 de novembro de 2014 de http://apps.fao.ors/

Gautam, A.P., Shivakoti ,G.P. e Webb, E.L. (2004). Mudança do coberto florestal, fisiografia, economia local e instituições numa bacia hidrográfica de montanha no Nepal. *Environmenal*

Management 33(1):48-61

Gautam, S.K. , Pokharel, Y.P., Goutam, K.R, Khanal, S. e Giri, R.K. (2010). Forest structure in the Far Western Terai of Nepal: Implicações para a gestão. *Banko Janakari,* Vol. 20, No. 2

Gentle, P. (2000). *The flow and distribution of community forestry benefits (O fluxo e a distribuição dos benefícios da silvicultura comunitária): Um estudo de caso do Distrito de Pyuthan, Nepal.* Uma tese de investigação apresentada em cumprimento parcial do requisito para o grau de mestre em ciências florestais na Universidade de Canterbury, Nova Zelândia.

Gibson, C.C., Williams, J.T. e Ostrom, E. (2004). *Local enforcement and better forests.* World Development.

GdN (2069). *Lei das Florestas de 2049 e Regulamento das Florestas de 2051,* Ministério das Florestas e da Conservação dos Solos, Departamento das Florestas.

GdN (2071). *"Guidelines to prepare animal feed balance situation",* Ministério do Desenvolvimento Agrícola, Departamento de Serviço Animal, Hriharbhawan, Lalitpur.

HMG (1993). Lei das Florestas de 1993. HMGN Kathmandu, Nepal.

HMG (1995). Forest By-Laws. HMGN Kathmandu, Nepal.

Hobley, M. e Malla, Y.B. (1996). From the Forests to Forestry- *The Three Ages of Forestry in Nepal: privatization, nationalization, and populism.* Em pp.65-82. M.Hobley (ed) Participatory Forestry: The process of Change in India and Nepal. ODI, Londres

Harper, I. e Tarnowski, C. (2003). *Uma heterotopia de resistência: Saúde, silvicultura comunitária e desafios à centralização do Estado no Nepal.* Em D. Gellner (ed.), Resistance and the State: Nepalese Experiences. 79-92. Delhi: Social Science Press.

ICIMOD (2004). *Biodiversity and livelihoods in the Hindu-Kush Himalayan Region.* International Centre for Intergated Mountain Development (ICIMOD) Newsletter No.45 ICIMOD, Kathmandu, Nepal.

Joshi, M.R. (2003). *Community Forestry Programs in Nepal and their Effects on Poorer Households (Programas de silvicultura comunitária no Nepal e seus efeitos sobre as famílias mais pobres).* Recuperado de http://www.fao.org/docrep/ARTICLE/WFC/XII/0036-A1.HTM

Kanel, K.R. (2004). *Twenty Five Years of Community Forestry: Contribuição para os Objectivos de Desenvolvimento do Milénio. Quarto Workshop Nacional sobre Silvicultura Comunitária.* Procedimentos do quarto seminário sobre silvicultura comunitária, dezembro de 2004. Kathmandu, Nepal: Divisão da Silvicultura Comunitária, DOF.

Kanel, K. R. e Niraula, D.R. (2004). Can Rural livelihood be improved in Nepal through community forestry. Banko Jankari , 14 (1).

Larsen, H.O., Olsen, C.S. e Boon, T.E. (2000). The non-timber forest policy process in Nepal: actors, objectives and power (O processo da política florestal não-madeireira no Nepal: actores, objectivos e poder). *Forest Policy and Economics* 1:267-281

Luitel, H. (2006). *As organizações da sociedade civil promovem a equidade na silvicultura comunitária? A Reflection from Nepal's Experiences*. Em Sango Mohanty et al eds. Hanging in the Balance: Equity in Community Based Natural Resource Management in Asia. Regional Community Forestry Training Center (RECOFTC), Banguecoque e East West Centre.

Malla, Y.B. (2000). *Impact of Community Forestry Policy on Rural Livelihoods and Food Security in Nepal (Impacto da política florestal comunitária nos meios de subsistência rurais e na segurança alimentar no Nepal).* Unasylva 51 (202): 37- 45

Maharjan, M.R. (1998). *Flow and distribution of costs and benefits in the Chuliaban community forest, Dhankuta District,* Nepal. Rural Developmental Forestry Network Paper 23e. ODI, Londres

Avaliação do Ecossistema do Milénio. Obtido em 20 de fevereiro de 2015 em http://www.millenniumassessment.org/en/index.aspx

Mikkola, K. (2002). *Community Forestry's Impact on Biodiversity Conservation in Nepal (Impacto da Silvicultura Comunitária na Conservação da Biodiversidade no Nepal).* Dissertação de Mestrado, Universidade de Londres, Imperial College.

MoFSC (2009). Base de dados FUG. Kathmandu. Nepal

Neupane, H. (2003). Contested impact of community forestry on equity: some evidences from Nepal (Impacto contestado da silvicultura comunitária na equidade: algumas evidências do Nepal*). Journal of Forest and Livelihood* 2 (2): 55-61

Nightingale, A.J. (2002). Participar ou apenas assistir? A dinâmica do género e da casta na silvicultura comunitária. *Journal of Forest and Livelihood* 2 (1): 17-24.

Nightingale, A. (2003). Natureza-sociedade e desenvolvimento: mudança social, cultural e ecológica no Nepal. *Geoforum* 34 (4): 525-540

Pandit, B.H. e Thapa, G.B. (2004). Poverty and resource degradation under different common forest resource management systems in the mountains of Nepal (Pobreza e degradação dos recursos em diferentes sistemas comuns de gestão dos recursos florestais nas montanhas do Nepal). *Society and Natural Resources* 17 (1): 1-16

Pokharel, B.K., Stadtmuller, T. e Pfund, J.L. (2005). *From degradation to restoration: An assessment of the enabling conditions for community forestry in Nepal.* Intercooperation, Fundação Suíça para o Desenvolvimento e a Cooperação Internacional, Katmandu, Nepal.

Pokharel, R.K. (2008). *Nepal's Community Forestry Funds: Do they benefit the Poor?* SANDEE Working paper No. 31-08

Pokharel, B. K. e Nurse, M. (2004). Forests and People's Livelihood: Benefiting the Poor from Community Forestry. Nepal Swiss Community Forestry Project. *Forest and Livelihood* 4(1)

Pokharel, B.K. e Niraula, D.R. (2004). *Community forestry governance in Nepal: achievement, challenges and options for the future.* Um documento apresentado no quarto seminário nacional sobre silvicultura comunitária, Katmandu

Pokharel, B.K. (2005). Grupos de utilizadores da silvicultura comunitária: Instituição para proteger a democracia e veículo para o desenvolvimento local. *Journal of Forest and Livelihood* 4(2):64

Pokharel, B.K. (2001). *Community Forestry and Livelihoods in Nepal (Silvicultura Comunitária e Meios de Subsistência no Nepal).* Disponível em linha em: hhtp;//www.livelihoods.org/post/forest1-postit.html (acedido em 5 de janeiro de 2014)

Roberts, E.H., e Gautam, M.K. (2003). *Experiências internacionais de silvicultura comunitária e o seu potencial na gestão florestal para a Austrália e a Nova Zelândia.* Documento apresentado na Conferência Florestal da Australásia, Queenstown, Nova Zelândia. abril de 2003

Roy, R. (1999). *Assessment of Rural Livelihood through community forestry:A case study of Gaukhureshwor community forest,Kavrepalanchowk district.* Um trabalho de projeto apresentado em cumprimento parcial do requisito para o grau de bacharel em ciências florestais na Universidade de Pokhara, Nepal.

Schreier, H., Brown, S., Schmidt, M., Shah, P., Shrestha, B., Nakarmi, G., Subba, K. e Wymann, S. (1994). Gaining forest but losing ground: A GIS evaluation in a Himalayan watershed. *Environmental Management* 18 (1): 139-150

Sharma, N.N. e Acharya, B. (2004). *Good governance in Nepal's community forestry: Traduzindo o conceito em ações.* Um documento apresentado no Fourth National Community Forestry Workshop (Quarto Seminário Nacional de Silvicultura Comunitária), Kathmandu

Floresta Comunitária Shanti (2063). Livro do plano operacional

Shrestha, K. (2000). *Active vs passive management in community forestry.* Issues paper no 1, documento preparado para o Comité de Revisão Técnica Conjunta, MoFSC, Katmandu

Shrestha, R. (2004). *Women's Involvement in CF Programme (Envolvimento das Mulheres no Programa de Arborização Comunitária).* Trabalho apresentado no Quarto Seminário Nacional de

Silvicultura Comunitária, Catmandu

Shrestha, S.M. e Nepal, S.M. (2003). National Forest Policy Review. An Overview of Forest Policies in Asia. Information and Analysis for Sustainable Forest Management: Linking National and international Efforts in South and South East Asia. Programa de parceria CE-FAO.

Sowerwine, D. (1994). *Forestry Setor Potential and Constraints*. Forestry model and report prepared by consultant. Relatório não publicado, Kathmandu

Sunderlin, W., Hatcher, J. e Liddle, M. (2008). *From Exclusion to Ownership? Challenges and Opportunities in Advancing Forest Tenure Reform*. Iniciativa Direitos e Recursos: Washington, DC.

Thoms, C.A. (2008). Controlo comunitário dos recursos e desafio de melhorar os meios de subsistência locais: Uma análise crítica da silvicultura comunitária no Nepal. *Geoforum* 39:1452-1465

Timsina, N. e Paudel, N.S. (2003). Estado versus comunidade: um discurso político confuso na gestão florestal do Nepal. *Journal of Forest and Livelihood* 2 (2): 8-16

Serviço Florestal do USDA: Valuing Ecosystem Services (Valorização dos serviços ecossistémicos). Obtido em 20 de fevereiro de 2015 em http://www.fs.fed.us/ecosystemservices

Webb, E.L. e Gautam, A.P. (2001). Effects of community forest management on the structure and diversity of a successional broadleaf forest in Nepal (Efeitos da gestão florestal comunitária na estrutura e diversidade de uma floresta sucessional de folha larga no Nepal). *International Forestry Review3:* 146-157

Yadav, N.P., Dev,O.P., Springate-Baginski, O., Soussan, J. (2003). Gestão e utilização das florestas no âmbito da silvicultura comunitária. *Journal of forest and Livelihood* 3(1):37-50

Yadav, U.K.R., Jha, P.K., Behan, M.J., Zobel, D.B. (1987). *A Practical Manual for Ecology,* Ratna Book Distributors, Kathmandu, Nepal.

ANEXOS

Anexo 1: Questionário aos agregados familiares

1. Informações de carácter geral

a. Nome do entrevistado: .... **b.** Data: ....

c. Distrito: .... **d.** VDC: .... **e.** Aldeia .... f. **N.**º do bairro: ....

g. Idade: .... **h.** Sexo: *(Masculino, Feminino)* **i.** Etnia: *(Dalit, Indígena, Brâmane, Chhetri)*

j. Religião: .... *(hindu, muçulmana, bauddha, cristã, outras ....)*

k. Estado civil: *Casado /Não casado* **l.** Profissão: ....

2. Composição do agregado familiar

Grupo etário	**Não**	**Sexo**		**Educação**	**Ocupação**	**Rendimento**	**Observações**
		M	F				
0-5							
6-14							
15-45							
46-60							
60 e mais							

2.1. Detalhes da casa

Propriedade da casa	**Materiais de construção (Observação)**	**Telhado**	**Piso**
Casa própria	Cimento	Palha	Argila/estrume
Casa alugada	Pedra	Argila	Prancha de madeira
	Tijolo	Tábua de madeira	Cimento
	Argila	Jasta Pata	Cerâmica/Mármore
		Betão	
		Azulejo/Ardósia	

3. Fontes de rendimento

S.N.	**Fontes de rendimento**	**Montante por ano**	**Observações**
1	Atividade agrícola		
2	Negócios		
3	Emprego (interno e estrangeiro)		
4	Outros (mão de obra, venda de produtos florestais)		
Total			

3.1. Durante quantos meses o seu rendimento é suficiente para si e para a sua família sobreviverem?

SN	Passado	Presente
1.	Durante todo o ano	Durante todo o ano
2.	9-11 meses	9-11 meses
3.	6-8 meses	6-8 meses
4.	Menos de 6 meses	Menos de 6 meses

4. Despesa média do agregado familiar

S.N.	Tipos de despesas	Montante por mês	Observações
1	Alimentação		
2	Saúde		
3	Educação		
4	Energia		
5	Outros		
Total			

5. Informações sobre a agricultura

5.1. Que tipo de sistema agrícola aplica?

a. Tradicional b. Sedentário c. Comercial

5.2. Existe alguma alteração no sistema agrícola antes e depois da formação da FC?

a. Sim b. Não

Em caso afirmativo, a. Tradicional para sedentária b. Sedentária para comercial c. Comercial para tradicional

d. Composição das culturas e. Superfície das terras agrícolas (aumento/diminuição)

5.3. Quais são as principais culturas cultivadas na sua exploração?

S.N.	Tipos de culturas	Área	Produção	Fertilizantes	Propriedade do terreno
1	Arroz				
2	Milho				
3	Trigo				
4	Mostarda				
5	Batatas				
6	Legumes sazonais				
7.	Outros				

(Fertilizantes: 1 Orgânicos, 2 Inorgânicos; Propriedade da terra: 1 Própria, 2 Arrendada, 3 Arrendada)

6. Informações sobre o efetivo pecuário

6.1. Tem animais de criação? a. Simb . Não

6.2 Em caso afirmativo, especificar

Pecuária	Número	Alimentação no estábulo	Pastoreio	Ambos
Vaca				
Búfalo				
Boi				
Cabra				
Ovinos				
Porco				
Aves de capoeira				
Outros (especificar)				

6.3. Houve alguma alteração (aumento ou diminuição) no estatuto dos animais após o estabelecimento do FC?

Pecuária	Aumento	Diminuído	causa
Vaca			a. Aumento/diminuição das forragens/forragens
Búfalo			
Boi			b. Aumento/diminuição dos efectivos
Cabra			
Ovinos			c. Aumento/diminuição do valor de mercado
Porco			
Outros (especificar)			d. Outros

6.4. O gado ajudou-o a gerar rendimentos?

a .Simb . Não

6.4.1. Que gado contribui mais para a geração de rendimento familiar?

a. b. c.

6.5 De onde obtém as forragens necessárias para o seu gado?

SN	Recursos	Fonte	Tempo necessário para obter	Disponibilidade	Evolução da disponibilidade
1	Erva rasteira				
2	Forragem florestal				
3	Colmo, feno				
4	Outras zonas de pastagem				

Fonte: a. Floresta privada b.CF c. Floresta governamental/floresta arrendada d.Terras agrícolas Disponibilidade: a menos de seis meses b. 6-9 meses c.9-12 meses d.Durante todo o ano Tendência da disponibilidade: a. Aumentou b. Diminuiu

6.6 Quais são as espécies vegetais que mais prefere em relação ao gado e porquê?

Espécie vegetal .... Motivo ....

a. O gado prefere b. Facilmente disponível c. Nutritivo ou benéfico d.Outros

7. Água

7.1. Estado da água

Tipos	Recursos hídricos	Disponibilidade	Observações
Água potável			
Irrigação			
Potável			
Pecuária			
Outros			

(Recursos hídricos: a. poço b. ribeiro, c. torneira pública, d. torneira privada, e. outros Disponibilidade: a. suficiente para menos de 6 meses b. suficiente para 6-8 meses

c. suficiente para 9-11 meses d. suficiente para todo o ano

7.2 Há alguma alteração nos recursos hídricos após o programa do FC?

a. Simb . Não

Em caso afirmativo,

Disponibilidade	*Aumento*	*Diminuído*	*Causa*
Beber			*1. boas infra-estruturas rurais*
Irrigação			*2.sensibilização*
Potável			*3. degradação florestal*
Pecuária			*4.outros*

8. Instalações sanitárias

Instalações sanitárias	Antes de	Presente	Observações
Aberto			
Latrina simples			
Latrina de descarga			
Latrina com fossa séptica			
Outros			

8.1. O saneamento básico melhorou após o programa de FC?

a. Simb . Não

Em caso afirmativo, que tipo de melhoria?

a. Melhoria da higiene pessoal b. Melhoria do saneamento da aldeia c. Melhoria da qualidade da água d. Outros

9. informações sobre o sector da energia

9.1. Consumo de recursos energéticos

Fontes	**Valor do consumo por mês**	**Fontes**	**Tempo de recolha**
Lenha	Kg		
Produtos agrícolas	Kg		
Eletricidade	Unidade		
Querosene	Litros		
GPL	Cilindro		
Outros (especificar)			

9.2. Com que frequência o utiliza?

Energia	Sempre	Frequentemente	Em algum momento	Raramente	Nunca
Lenha					
Produtos agrícolas					
Eletricidade					
Querosene					
GPL					
Outros					

9.3. Onde é que recolhe a lenha e mencione também a sua quantidade? (1 bhari = ... kg)

Fonte	**Carga (Bhari ou kg)**
Floresta privada	
Floresta nacional	
Floresta comunitária	
Outros	

9.4. A que distância fica o CF do seu bairro?

Especificar a hora .... horas e .... minutos

9.5. Quem é que vai principalmente buscar a lenha?

a. Homens b. Mulheres c. Crianças

9.6. O estabelecimento CF poupou-lhe tempo na recolha de produtos florestais?

a. Sim b. Não

Em caso afirmativo, quanto tempo é poupado?

a .... b. Não se poupa tempo

9.7. Para que fins utiliza esse tempo poupado?

a. Trabalho doméstico b. Educação c. Criação de gado d.Outro emprego e.Outros

9.8. O que é principalmente recolhido da floresta?

a. Madeira para combustível b. Forragem c. Madeira

d. Medicamentos e. PFNL f Outros

9.10 Que produto florestal contribui diretamente para a geração de rendimentos?

a. Madeira b. PFNLs c. Forragem d. Medicamentos e. Lenha f. Outros

9.11 Que espécies de plantas prefere em função dos diferentes sectores?

SN	Produtos florestais	Espécies vegetais preferidas
1	Lenha	
2	Lenha	
3	Forragem	
4	PFNL	
5	Medicina	
6	Madeira	
7	Outros	

9.12. Que mudanças ocorreram na vossa sociedade após a formação do FC?

a. Aumento da geração de rendimentos b. Aumento da consciencialização c. Aumento das infra-estruturas rurais

d. Alterações ambientais (ar fresco, água fresca) e. Nenhuma alteração f Outra (especificar ....
)

9.13 Sente (alguma alteração) alguma diferença na sua vida quotidiana ou nos seus meios de subsistência, quando era apenas uma floresta e agora é uma floresta comunitária?

a.Simb . Não

9.14 Gosta deste programa florestal comunitário?

a.Simb . Não

Em caso afirmativo, em que sentido: a. Aumento da geração de rendimentos b. Aumento da sensibilização c. Aumento das infra-estruturas rurais d. Alterações ambientais (ar fresco, água fresca) e.Outro (especificar...)

9.15. Quais são, na sua opinião, as desvantagens deste programa?

a. Limita o livre acesso à floresta b. Limita a recolha de produtos preferenciais

c. Conflitos sociais sobre a utilização e a gestão dos recursos d. Outros

9.16. O programa CF apoiou o empoderamento das mulheres?

a. Simb .Não

Se sim,

a. Educação b. Geração de rendimentos c. Exposição social d) Outros

10. Gestão na FC

10.1. Com que frequência se abre a porta para recolher lenha?

a. Uma vez por semana b. Uma vez por mês c. Uma vez por 6 meses d. Uma vez por ano

10.2. Que mudanças notou no estado das florestas após a formação da FC?

a. Melhorou ligeiramente b. Melhorou rapidamente c. Sem alterações d. Pior do que antes

10.3. O que pensa sobre a extração de recursos da floresta comunitária?

a. Abastecimento sustentável b. Abastecimento superior ao sustentável c. Abastecimento inferior ao sustentável

10.4. Se a oferta não é sustentável, como pode ser sustentada?

a. Plantação de árvores b. Utilização de energias alternativas c. Utilização de florestas privadas d. Outros (especificar)

10.5. Praticam aí actividades de plantação?

10.6. O que dizer sobre a invasão? Caça furtiva em CF? Existe um sistema de *paale*?

10.7 Os membros do CFUG podem ter acesso à madeira para as suas necessidades pessoais?

10.8. Alguma espécie perturbou a FC?

a. Simb . Não

Em caso afirmativo, qual o problema: a. Na recolha de lenha b. Na recolha de madeira

c. Na recolha de forragens d. Regeneração de plantas

10.9. Sabe qual é o rendimento anual total desta floresta comunitária?

10.10 Com que objetivo investem o dinheiro (receitas) cobrado pelo FC?

a. Serviços de saúde b. Educação c. Programa de desenvolvimento d. Capacitação das mulheres e. Outros

Anexo 2: Conversão de unidades

Pecuária

Pecuária	Fator de conversão do gado
Gado	0.50
Búfalo	0.50
Ovelha/Cabra	0.10
Porcos	0.20
Aves de capoeira	0.01

(Fonte: FAO, 2003a)

PESO

Unidades em nepalês	Unidades no sistema métrico
Mana	U kg ou 0,56
Pathi	4 kg ou 4,5 l
Muri	80 kg ou 90
Maund	36 kg
Bora	100 kg
Bhari	30 kg

ÁREA

Unidades em nepalês	Equivalente
Dhur	0,345 ropani ou 0,0179 ha.
Kattha	0,69 ropani ou 0,035 ha.
Ropani	0,052 ha
Bigha	20 kattha ou 13,8 ropani ou 0,68 ha

1 m^3 =2,41 toneladas métricas

(Fonte: Social Structure, Livelihoods and the Management of Common Pool Resources in Nepal, 2003)

Anexo 3: *Fontes de rendimento dos agregados familiares estudados*

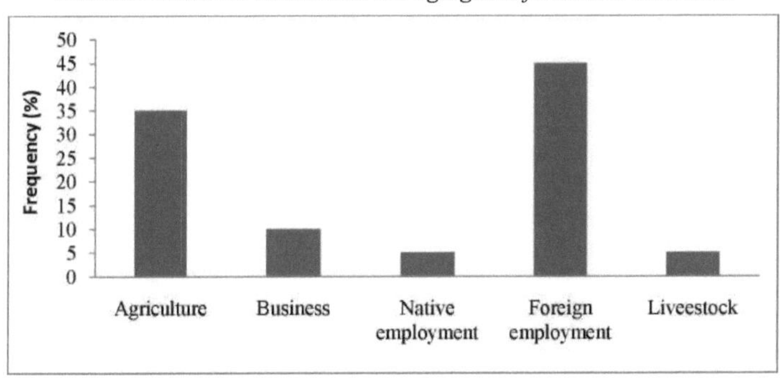

Anexo 4: *Apresentação das despesas sectoriais dos agregados familiares*

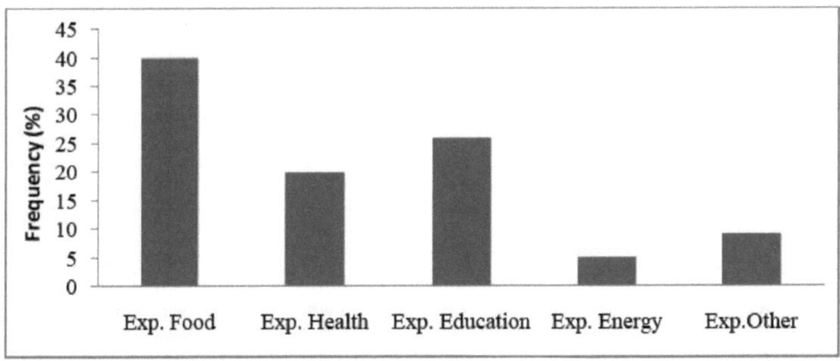

Anexo 5: Demonstração da suficiência alimentar dos agregados familiares apenas a partir da agricultura no espaço de um ano

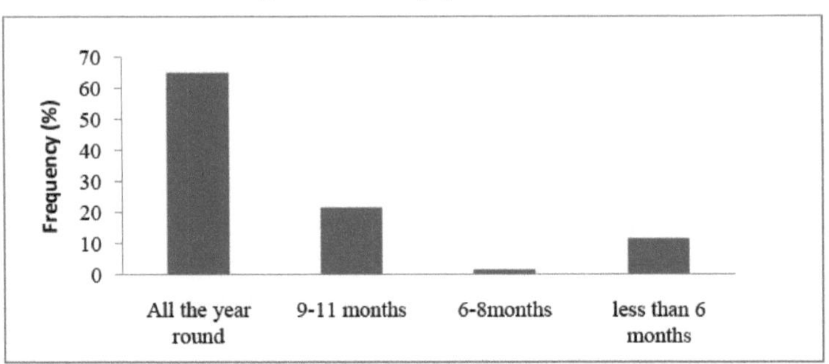

Anexo 6: Tabela de teste de correlação

Teste de correlação	Valor t (Df=58)	valor de p
Total de CN, Total de rendimentos	1.2	0.2327
Total CN, Rendimento do gado	6.4	2.06E-08*
Rendimento total, Rendimento do gado	2.3	0.02076*

*Significativo= * a 95%*

Anexo 7: *Composição arbórea da floresta com valores de IVI*

SN.	Nome das árvores	Nome local	Número de indivíduos	Densidade (n.º/ha)	Área Basal (m^2 /ha)	Frequência	Índice de Valor de Importância (IVI)
1	*Shorea robusta*	Sal	585	365.63	20.37	97.50	196.01
2	*Terminalia alata*	Saaj	41	25.63	0.50	35.00	18.75
3	*Dalbergia sisso*	Sisso	44	27.50	0.45	30.00	17.33
4	*Acácia catechu*	Khair	30	18.75	0.37	35.00	16.78
5	*Aesandra butyracea*	Chiuri	16	10.00	0.25	20.00	9.60
15	*Semecarpus anacardium*	Bhalayo	8	5.00	0.10	12.50	5.49
6	*Syzygium cumini*	Jamun	7	5.00	0.05	12.50	5.8
7	*Psidium guajava L.*	Gauva	7	4.38	0.05	12.50	5.14
8	*Mangifera indica*	Manga	5	4.38	0.12	10.00	4.65
9	*Phyllanthus emblica*	Amala	4	3.13	0.07	10.00	4.19
13	*Lagerstroemia parviflora*	BotDhairo	4	3.75	0.13	7.50	3.76
10	*Lagerstroemia indica*	Dhauwa	3	2.50	0.11	7.50	3.43
11	*Albizia lebek*	KaloSiris	6	2.50	0.04	7.50	3.11
14	*Anthocephallus chinensis*	Kadam	4	2.50	0.25	2.50	2.41
12	*Melica azedarach*	Bakaino	8	1.88	0.03	5.00	2.13
16	*Bombax ceiba*	Simal	1	0.63	0.01	2.50	0.98
17	*Cassine glauca*	Korikath	1	0.63	0.01	2.50	0.96

	Total (N)		**774**	**483.75**	**22.89**	**310.00**	**300.01**

Anexo 61: Situação das mudas da floresta

SN	Nome do sp	Nome local	Número de indivíduos	Densidade (nº/ha)	Frequência
1	*Shorea robusta*	Saal	250	1250	97.5
2	*Phyllanthus emblica*	Amala	3	15	7.5
3	*Dalbergia sissoo*	Sisso	30	150	30
4	*Albizia lebek*	Kalo siris	17	85	22.5
5	*Syzygium cumini*	Jamuno	18	90	27.5
6	*Mallotus philipensis*	Ruhini	46	230	42.5
7	*Garuga pinnata*	Dhabdabe	1	5	2.5
8	*Xeromplis spinosa*	Principal kada	22	110	20
9	*Quercus floribunda*	Fino	4	20	7.5
10	*Terminalia bellirica*	Barro	2	10	5
11	*Lagestromia parviflora*	Bat dhaero	22	110	25
12		Ghokar	3	15	2.5
13		Kariyo	3	15	2.5
14		Dhyapar	2	10	2.5
15	*Dalbergia stipulacea*	Variante Tate	3	15	7.5
16	*Piper longum*	Pipari	15	75	22.5
17	*Litsea monopetala*	Kutmiro	2	10	2.5
18	*Bauhinia purpurea*	Tanki	1	5	2.5
19	*Semecarpus anacardium*	Bhalayo	12	60	5
20	*Bombax ceiba*	Simal	4	20	7.5
21	*Terminalia alata*	Saaj	23	115	30
22	*Acácia catechu*	Khayer	16	80	12.5
23	*Melica azedarach*	Bakaino	3	15	7.5
24	*Lagerstroemia indica*	Dhauwa	5	25	7.5
25	*Mangifera indica*	Manga	1	5	2.5
26	*Psidium guajava*	Gauva	12	60	12.5
	Total(N)		**520**	**2600**	**415**

Anexo 62: Situação das mudas da floresta

SN	Nome da espécie	Nome local	N.º de indivíduos	Densidade (nº/ha)	Frequência
1	*Shorea robusta*	Sal	262	32750	97.5
2	*Dalbergia sissoo*	Sisso	12	1500	10
3	*Albizia lebek*	Kalo siris	3	375	3.75
4	*Syzygium cuminii*	Jamuno	3	375	3.75
5	*Mallotus philipensis*	Ruhini	2	250	2.5
6	*Xeromplis spinosa*	Principal kada	2	250	1.25
7	*Lagerstroemia parviflora*	Botdhairo	5	625	5
8	*Acácia catechu*	Khair	4	500	2.5
9	*Psidium guajava*	*Gauva*	1	125	1.25
	Total(N)		**294**	**36750**	**127.5**

Anexo 10: *Cepos cortados na floresta*

SN	Nome da espécie	Nome local	N.º de indivíduos	Denisty(no/ha)
1	*Shorea robusta*	Sal	44	27.5
2	*Acácia catechu*	Khair	8	5
3	*Syzygium cuminii*	Jamuno	2	1.25
4	*Dalbergia sisso*	Sisso	6	3.75
5	*Lagerstroemia parviflora*	Botdhairo	2	1.25
	Total		**62**	**38.75**

Anexo 11: Variáveis da vegetação

Variável	**Gama**	**Média**	**valor t**	**p**
Riqueza	0.000-0.964	0.4752	8.9446	5.46E-11
Diversidade	0.000-0.818	0.2802	7.0166	2.03E-08
Abundância	6 -50	19.375	17.0716	< 2.2e-16
DAP médio	14.34-53.08	23.115	21.0549	< 2.2e-16
Altura média	10.310-20.166	15.048	49.4517	< 2.2e-16
Rebento	9-22	13	30.9066	< 2.2e-16
Mudas	4-12	7.35	23.1612	< 2.2e-16

Significativo= a 95%*

Anexo 12: Espécies preferidas para fins de lenha

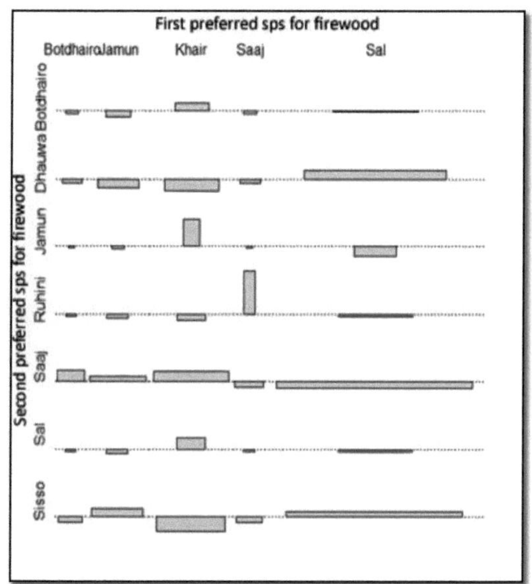

Anexo 13: *Espécies mais preferidas para os PFNL*

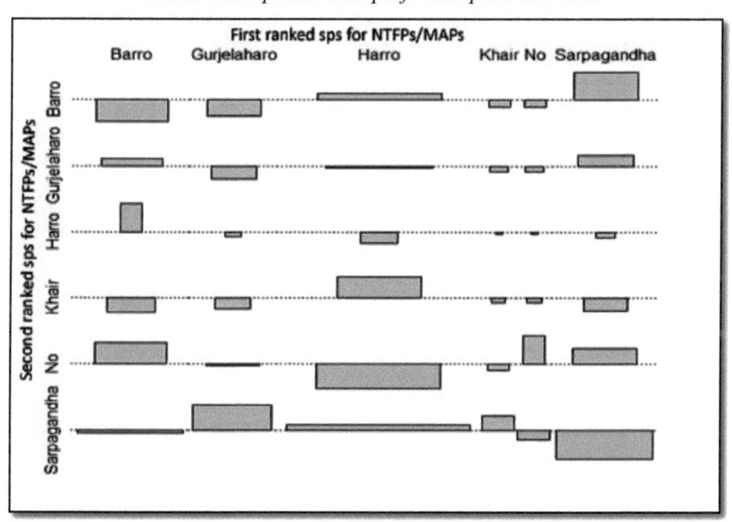

Anexo 14: *Espécies preferidas para a produção de madeira*

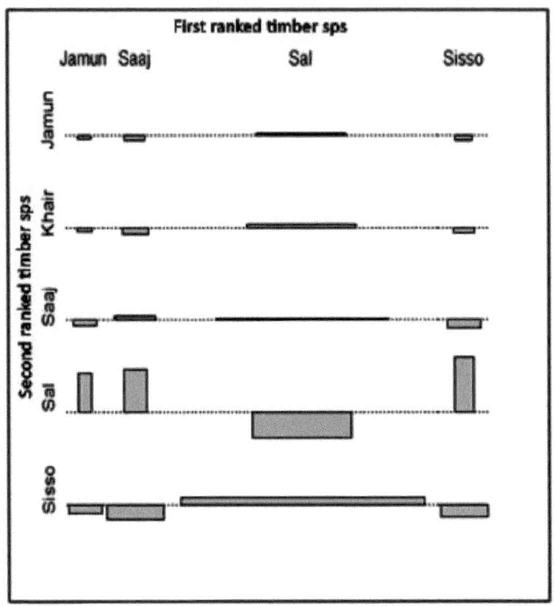

Anexo 15: *Mostrando a preferência da comunidade por espécies para a produção de forragem/forragem*

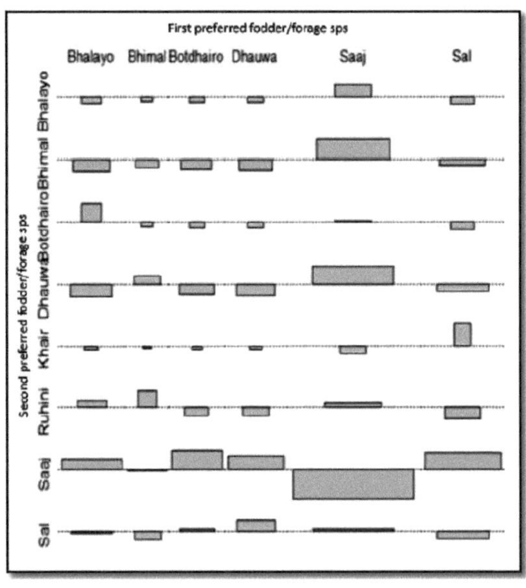

Anexo 16: *Quadro de teste das espécies preferidas*

SN	Produtos florestais da FC	Valor do qui-quadrado	Df	Valor P
1	Primeiro sps de madeira e segundo sps de madeira	52.2963	12	<0.05*
2	Primeira lenha sps e segunda lenha sps	38.4759	24	0.03097*
3	Espargos de primeira forragem e espargos de segunda forragem	42.3764	35	0.1828
4	Primeiro sps de MAPs/NTFPs e segundo sps de MAPs/NTFPs	34.9888	25	0.08841

*Significativo * a 5%*

Anexo 17: *Fotografias das actividades no terreno*

Debate em grupo com o CFUC

Discussão em grupo com o CFUG, especialmente com as mulheres

Durante o inquérito por questionário HH

Durante o desenho das parcelas de vegetação (à esquerda) e o registo de dados durante o levantamento da vegetação (à direita)

Escola criada pelo FC (à esquerda) e estrada com motor (à direita) construídas pelas receitas do FC

Cobertura do sub-bosque com ervas daninhas não dessecadas (esquerda) e ervas daninhas indesejadas que dificultam

Printed by Books on Demand GmbH, Norderstedt / Germany